留学?……から
一歩踏み出す

研究留学

実践ガイド

人生の選択肢を広げよう

ラボの探し方・応募から
その後のキャリア展開まで、
57人が語る等身大のアドバイス

編集
山本慎也, 中田大介
（ベイラー医科大学）

【注意事項】本書の情報について ────

　本書に記載されている内容は，発行時点における最新の情報に基づき，正確を期するよう，執筆者，監修・編者ならびに出版社はそれぞれ最善の努力を払っております．しかし科学・医学・医療の進歩により，定義や概念，技術の操作方法や診療の方針が変更となり，本書をご使用になる時点においては記載された内容が正確かつ完全ではなくなる場合がございます．また，本書に記載されている企業名や商品名，URL等の情報が予告なく変更される場合もございますのでご了承ください．

❖ 本書関連情報のメール通知サービスをご利用ください

　メール通知サービスにご登録いただいた方には，本書に関する下記情報をメールにてお知らせいたしますので，ご登録ください．

・本書発行後の更新情報や修正情報（正誤表情報）
・本書の改訂情報
・本書に関連した書籍やコンテンツ，セミナーなどに関する情報

※ご登録の際は，羊土社会員のログイン／新規登録が必要です

ご登録はこちらから

はじめに

Life is a sum of all your choices. — Albert Camus

「人生は選択の総和である」という作家・哲学者であるアルベール・カミュの言葉が物語るように，私たちは生きていくうえで大なり小なりさまざまな選択を迫られます．その中で将来科学者としての成功を夢見る学生はいずれ「留学する？しない？」という選択を迫られることがあるでしょう．住み慣れた母国を離れ，異国の地で研究をすることには大きな不安がつきまとうかもしれません．しかし，海外に出ることで自らの語学力やコミュニケーション能力を含めた総合的な研究力を向上させることができたり，異文化に触れることが多様な価値観を理解するきっかけとなったり，コネクションを広げることで将来のキャリア展開を有利に進めることができたりと，留学をすることで多くの人はさまざまな恩恵を得ることができるでしょう．本書は主に「留学に興味があるが，いま一歩踏み出せない」，「留学を志しているが具体的に何から取りかかればいいのかわからない」といった思いを抱く学生やポスドクの方々，このような岐路に立たされた個々人を指導する立場にある教員やベテラン研究者，さらには自らが進む方向性を模索する若手研究者の手引書となるべく，生命科学の分野で海外研究留学をするにあたっての具体的・実践的なアドバイスを最新の情勢とともに詰め込みました．また「留学なんて自分には関係のないことだ」と感じている方にもお読みいただけると，これまで気づかなかったご自身の可能性や新たな選択肢を見出すきっかけになる，そんな一冊をめざしました．

　本書を上梓するきっかけとなったのが羊土社から刊行されている『実験医学』誌の2023年3月号から10月号で連載された「研究留学の技法2023」という企画です．コロナ禍前後での欧米での研究状況の変革やDEI（Diversity, Equity, Inclusion）をより一層重要視する風潮，博士号取得者のキャリアパスの多様化，海外留学を頭脳流出ではなく頭脳循環

ととらえる近年の傾向，円安やインフレーションといった経済的な変動など，留学希望者を取り巻く状況が刻一刻と変わっている状況を鑑み，さまざまなバックグラウンドを持つ方々の座談会や多様な切り口や視点に基づく記事を通じ，最新の留学情報を8カ月にわたりお伝えしました．連載終了後に編集部から本連載が好評であったことを踏まえ書籍化の提案をいただき，記述内容のさらなる充実や連載時には紙面の都合上あまり踏み込めなかった内容の追加をめざし，読者アンケート等のフィードバックを踏まえながら，大幅な加筆・改訂作業を行ってきました．

　海外で研究をすることにはチャンス・リスク，メリット・デメリットがあり，どのような立場で留学をするのかによってさまざまなパターン（基礎研究者のポスドク留学，医師のポスドク留学，学位取得のための留学，在学中の留学，日本でのアカデミックポストを維持したままでの留学，企業からの留学，スタッフとしての短期・長期就労）が考えられます．いずれにも共通することは，海外で研究をするということはどういうことなのか（特に日本との違いなど），留学先はどうやって探せばよいのか，インタビュー対策はどのようにすべきなのか，渡航準備や生活の立ち上げはどのように行えばいいのか，留学後の仕事や人間関係がうまくいっていないときは誰に相談しどのような手を打つべきなのか，仕事がうまくいっている場合はキャリアアップやキャリアチェンジ（アカデミア・インダストリー含む）に関してどのように考え，どういった行動をとるべきなのか，将来的に日本に戻ってきたい場合には何が大事なのか，などのさまざまな疑問がつきまとうことです．連載時は留学先の中でも特にアメリカ合衆国（米国）の生命科学分野における制度・慣習・体験談を取り上げ，特に基礎研究者のポスドク留学，博士号を取得するための大学院留学，テクニシャン・スタッフサイエンティストとしての海外就労やその後の去就に焦点を当てました．書籍化にあたっては，留学時の立ち居振る舞いや米国以外での留学先に関する話題を追加し，DEIに関する情報や留学後のさまざまなキャリアパスに関する内容をより一

層充実できるように心がけました.

　本書を読み終わった読者の中には「留学しない」という決断をする方もいるでしょうし,諸事情により「留学はしたいが,できない」という状況に置かれている方もいるでしょう.本書はそのような方に対しても「留学する」と決めた人はどのようなことを考え行動し,それを通じてどのような経験を得ているのか,といったことをより明確にお伝えすることで,今後研究を続けていくにあたってどのようなことを意識すればより充実した研究者人生を送ることができるのか,といったことを考えるきっかけを提供することができればと思います.

　羊土社からは2016年発行の『研究留学のすゝめ！〜渡航前の準備から留学後のキャリアまで』をはじめとする研究留学に関する良書が数多く刊行されており,本書もこれらの書籍のように,読者の皆様の研究・人生の幅を広げる糧になることができれば幸いです.なお,本出版にあたり多大なご協力をいただいた著者・インタビュイーの先生方,ならびに,企画段階から編集作業に至るまで大変お世話になった早河輝幸様,岩崎太郎様,蜂須賀修司様をはじめとする羊土社編集部の皆様に厚く御礼を申し上げます.

　2024年8月

山本慎也,　中田大介

「留学する？」から一歩踏み出す 研究留学実践ガイド
人生の選択肢を広げよう
ラボの探し方・応募からその後のキャリア展開まで、57人が語る等身大のアドバイス

目次

◆ はじめに .... 山本慎也，中田大介

1章 あなたの研究キャリアに海外という選択肢を [座談会]　14

五十嵐 啓，中田大介，安田 圭，安田涼平，山田かおり，山本慎也

1. 思い立ったらコンタクト．オンサイト学会が無理なら真摯なメールを ... 15
2. 大学院留学はメリットたくさん．ポストバカロレアプログラムも選択肢に ... 19
3. Ph.D.取得後のインダストリーも大きな選択肢 ... 22
4. 海外に出るリスク，日本に残るリスク ... 23
5. 地域ごとの環境は？ 待遇を巡る最新動向 ... 25
6. 大事なのはPh.D.取得日！ 先を見据えた人生設計を ... 28

2章 研究留学先を探し，オファーを獲得する　31

山本慎也，中田大介

1. 興味のある研究先のリストを作成する ... 31
   情報収集にはさまざまなメディアを利用しよう！／大御所だけでなく実力のある若手や勢いのある中堅にも目を向けよう！／大学名にはこだわるな！

   memo 研究資金の重要性

2. まずはコンタクトをとってみる ... 35
3. 推薦状を求められたら ... 37
4. インタビューでは何をみられるのか？ ... 38

⑤ オファーが出た！ 正式に受諾する前に検討すべきこと ………………… 40

⑥ 海外留学までの流れの具体例 ………………………………………………… 42

〈インタビュイー〉小川優樹／三谷忠宏／梅津康平／米澤大志／原 貴恵子／古舘 健／
穴見康昭／横井健汰

memo 医学研究都市ヒューストンとテキサスメディカルセンター

Column	2-1	ポスドク先探し きっかけは思わぬところから	佐藤奈波	52
	2-2	コーヒーと雨のエメラルドシティで 新米PIとともに4年間を過ごして	西田奈央	54
	2-3	Butterflies in my stomach	乗本裕明	56
	2-4	企業からの海外研究留学 もう一つの選択肢	高橋一敏	59

3章 大学院留学，ポストバック留学という選択肢
61

五十嵐 啓，安田涼平

① なぜいま大学院留学を勧めるのか？ …………………………………………… 61

② 海外での大学院生活 …………………………………………………………… 63

③ 海外大学院に応募するコツ …………………………………………………… 66

④ 学部卒業後にポストバック研究生・テクニシャン職に応募するには ……… 70

⑤ おわりに ………………………………………………………………………… 71

Column	3-1	人とのつながりも一つの合格要因	増谷涼香	73
	3-2	Ph.D. いつ始めても遅くない！	大山友子	75
	3-3	米国でのギャップイヤーが秘める可能性	藤島悠貴	77
	3-4	学部生でもしよう研究留学	古田能農	80

4章 留学前後・ラボでの立ち居振る舞い 82

山本慎也

1 渡航前にすべきこと 82

古巣での仕事を仕上げ，引き継ぎなどをスムーズにする／留学先のPIとのプロジェクトの打ち合わせ／フェローシップへの応募／ビザ等の取得／現地での生活のセットアップに必要な情報収集／各種手続きや引っ越し準備

2 渡航直後にすべきこと 87

生活の立ち上げ／受け入れ先の大学・研究機関でのチェックインやオリエンテーション／家族のケア

3 新しい研究環境に適応する 90

PIやラボメンバーとの研究内容の打ち合わせ／新生活のスケジュール・リズムに慣れる／仕事の引き継ぎやプロジェクトの立ち上げを通じて新しい手法をラボ内で学ぶ／自分の知識や実験手法を留学先のラボのメンバーに伝授する／コアファシリティを知り利用する

4 研究能力を磨く 93

語学力を磨く／発表力・質問力を磨く／論文力・グラント力を磨く／教育力を磨く／ネットワークを広げ，維持する

5 トラブルへの対処 98

Column			
4-1	世界で活躍をめざす研究者とその家族を支える	足立春那，足立剛也，貝沼圭吾，長谷川麻子	101
4-2	旅の恥は掻き捨て？ 海外用のアバターをつくる	中田大介	104
4-3	新しいプロジェクトの立ち上げ ボスへの提案と独立への道筋	早瀬英子	106
4-4	『サイエンスを遊ぼうの会』ヒューストンでサイエンスを楽しむ	西田有毅	108
4-5	プロジェクトが計画どおり進まない！	小川優樹	110
4-6	前任者との再現性がとれなかったときにまず考えること	松本康之	113
4-7	留学先でのトラブルに対処する 泣き寝入りをしないために	嶋田健一	115
4-8	急な解雇通告でどうする？	田守洋一郎	117
4-9	スイスからアメリカへ夢を追いかけて	石原 純	120
4-10	留学をしないという「選択肢」	中村能章	122

5章 海外のアカデミアで活路を見出す

125

山田かおり

1 いい論文を出して教員職に応募する ⋯⋯⋯⋯⋯⋯⋯⋯⋯⋯⋯⋯⋯⋯ 125

2 そこまですごい論文はないんだけど大学教員になりたい ⋯⋯⋯⋯⋯⋯ 129

3 大きな論文が出なかったり，独立する研究費を取れなかったとしても ⋯ 132

4 ライフイベント ⋯⋯⋯⋯⋯⋯⋯⋯⋯⋯⋯⋯⋯⋯⋯⋯⋯⋯⋯⋯⋯⋯⋯⋯⋯ 133

5 テニュアを取れなかったときのプランB ⋯⋯⋯⋯⋯⋯⋯⋯⋯⋯⋯⋯⋯⋯ 134

6 おわりに ⋯⋯⋯⋯⋯⋯⋯⋯⋯⋯⋯⋯⋯⋯⋯⋯⋯⋯⋯⋯⋯⋯⋯⋯⋯⋯⋯⋯ 135

Column			
5-1	アカデミア就職の実際	山田かおり	136
5-2	正攻法ではない研究独立譚 ポスドクをしないというオプション	山本慎也	138
5-3	フェローシップを利用して独立する	山中直岐	141
5-4	PIになると決めちゃえ	吉本桃子	143
5-5	コアファシリティで働くという選択肢	川内紫真子	146
5-6	米国でtwo-body problemとノンアカデミックキャリアを経ての研究室立ち上げ	小黒秀行	148
5-7	イギリスで研究室主宰者になるまで	木下将樹	151
5-8	スウェーデンに研究留学し独立する	三原田賢一	155
5-9	中国の国際的研究所への就職活動	大前彰吾	158
5-10	シンガポールでの独立と起業 事業化がモチベーションでも基礎研究を重視したい！	杉井重紀	161

6章 DEI（Diversity, Equity, Inclusion）を知り、実践する

164

船戸洸佑，樋口　聖，外山玲子

1 ダイバーシティーの国アメリカ ⋯⋯⋯⋯⋯⋯⋯⋯⋯⋯⋯⋯⋯⋯⋯⋯⋯⋯ 164

2 「女性が半分」はもはや常識：多くの女性が活躍するアメリカ社会 ⋯⋯ 166

3 レイシャルダイバーシティーとエスニックダイバーシティー 168

memo アメリカの主なダイバーシティー関連月間

4 PIに求められるダイバーシティー促進の心得 172

5 似ているけれど違うEquityとEquality 174

6 Inclusionは思いやり 177

Column 6-1 Ginther Reportとその影響 .... 外山玲子 181

6-2 医学生物学分野の人材の多様性を推進する
特別なプログラムの例 .... 外山玲子 183

6-3 Diversity Statementについて .... 船戸洸佑 184

6-4 キャリア形成の設計図 Individual Development Plan（IDP）......... 樋口 聖 186

6-5 大学レベルでのDEIへの取り組みの例 .... 樋口 聖 190

6-6 大学レベルでのAccessibilityに関する取り組みの例 .... 船戸洸佑 192

7章 アカデミア以外の キャリアパス

193

安田 圭

1 はじめに 193

2 行動を起こす前の必要条件：グリーンカードの取得 194

3 職探しの準備 195

情報収集／Resumeの作成／LinkedInのアカウントを作成し，情報をアップデート

4 スタートしてから職を得るまでにかかった時間 196

5 インタビュー 197

未来の上司となる人とのコーヒーインタビュー／正式なインタビュー／将来の同僚および人事の人との面接／Referenceの重要性／オファー

6 現在の仕事について 199

7 おわりに 200

8 後日談 201

contents

Column	7-1	アメリカのバイオテックでの研究生活	マクロースキー亜紗子	203
	7-2	知的財産を扱う 理系の知識を活かせる文系の仕事	沢井昭司	205
	7-3	学術研究員からメディカル・ライターへの道	大山達也	207
	7-4	米国大学院からコンサルティング，動物病院経営へ	渡利真也	210

8章 留学後，日本のアカデミアで職を得るために [座談会]
212

安藤香奈絵，井垣達吏，大石公彦，合田圭介，園下将大，星野歩子　（進行：山本慎也）

1 日本に戻るためにはコネが必要か？ ⋯⋯ 213

2 日本の公募，どうやって知る？ ⋯⋯ 215

3 アメリカと日本でのインタビューや条件交渉の違い ⋯⋯ 217

4 帰国の際の家族の動向 ⋯⋯ 218

5 日本に帰ってきて苦労したこと，良かったこと ⋯⋯ 219

6 これから留学しようか迷っている方々へ ⋯⋯ 220

Column	8-1	世界で活躍する研究者をリクルートする工夫	伊藤　徹	227
	8-2	帰国後アメリカで独立するという選択	山下真幸	229
	8-3	日・米で研究室を運営する	鳥居啓子	232

◆ 索引 ⋯⋯ 236

実験医学別冊

「留学する？」から一歩踏み出す

研究留学
実践ガイド
人生の選択肢を広げよう

ラボの探し方・応募から
その後のキャリア展開まで、
57人が語る等身大のアドバイス

1章

あなたの研究キャリアに海外という選択肢を［座談会］

五十嵐 啓（カリフォルニア大学アーバイン校），中田大介（ベイラー医科大学）
安田 圭（Pyxis Oncology），安田涼平（マックスプランク フロリダ神経科学研究所）
山田かおり（イリノイ大学シカゴ校），山本慎也（ベイラー医科大学，テキサス小児病院）

山本 本日はお集まりいただきありがとうございます．本書発行の経緯は「はじめに」に記したとおりなのですが，やはりコロナ禍を受けて海外渡航を伴う研究活動や学会といった人的交流が一時期非常に制限されたりと，将来に対する漠然とした不安を抱いている学生（学部生・大学院生）やポスドクが少なからずいらっしゃると聞きました．加えてそういった方に限らず，アメリカを含めた海外に目を向ける機会が減少しているという話を聞くことも増えました．海外で研究してみたいと思われる方は今も多くいらっしゃると思いますが，そういった方が実際にポスドクや大学院生としての留学，海外でのスタッフサイエンティストとしての就職，あるいはテクニシャンなど一時的な職を経由した大学院留学などを考える際，実際のところはどうなのか，具体的なイメージを持ってもらいたいと考えるに至り，実験医学誌への連載を経てこのたび書籍化することとなりました．まず1章では座談会という形で，地域や研究分野，職位，アカデミアと企業などさまざまなバックグラウンドをお持ちの方に，それぞれのご経験を踏まえて率直なご意見をお話しいただきます．また，本座談会の参加者には以後の章を執筆していただき，さまざまな観点から研究留学やその後の身

の振り方に関するより具体的なアドバイスや考え方をお聞かせいただきます.

1 思い立ったらコンタクト. オンサイト学会が無理なら真摯なメールを

——研究留学を検討するにあたってまず気になるのは，ポジションの探し方かと存じます．大学や研究所などの探し方のコツなどはあるのでしょうか？ またここ最近，変化はあるのでしょうか？

五十嵐　まず大切なのは，大学や研究所から行き先を決めるのではなく，自分がどんな研究をどの先生のもとで行いたいのか，だと思います．私の海外での最初の研究先はノルウェーだったのですが，周りの人に当時「なぜノルウェーに行くんだ」と言われたものです．その後ボスのMoser博士夫妻が2014年にノーベル賞を取ってから「なるほどそうだったのか」と言われたくらいでした．でもしっかりと研究テーマを見ていれば，自分がどこに行くべきかも見えてくると思うんですよね．

山本　私もそう思います．留学先を探していた頃はベイラー医科大学のことはそもそも知りませんでした．大学のあるヒューストンのことすら知らないくらいで，テキサス州だから殺風景な砂漠みたいなところかな，と漠然と思っていたくらいです．実際に現地に行くと亜熱帯の緑が多い街で驚きました．

　私はもともと学部では獣医学の課程にいたのですが，大学院から分野を変えてモデル生物を使いたいと思っていました．加えて小さい頃にアメリカに住んだ経験もあったので，大学院プログラムをアメリカで探しました．また，いくらネームバリューがある博士課程に入れても自分がやりたい研究を行っている魅力的な先生がいなければ意味が

ないと思い，行きたい分野で，かつ研究資金が潤沢そうな研究者を，米国科学アカデミー（National Academy of Sciences）のメンバーや，ハワードヒューズ医学研究所（Howard Hughes Medical Institute）のInvestigator，Cell誌のような著名な雑誌の編集委員などからリストアップして，卒業予定の1年くらい前に30通ほどメールを送りました．コネは全くなかったのですが，幸いなことに全く面識のない教授から15通くらい返事が返ってきました．これを多いと取るか，少ないと取るかは人によるでしょうけど．

—— 面識のない教授宛にメールを書くときのコツなどはありますか？

山本　私のような若輩者のPI[※1]ですら週に1～2通「ポスドクになりたい」というメールを受け取るのですが，初めの数行を読んでコピペのような内容だとわかってしまうと残りはそもそも読まないですね．一方で，例えば最近うちから出た論文を読んでこういうところに興味を惹かれたという具体的な内容が含まれていたり，学会で会って話をしたことがある人がそのことに触れていると，さらに読み進めて検討をしてみようという気持ちが高まります．ですので行きたいラボのいろいろなことを調べて，何かしらきっかけをつくるのが大切だと思います．学会も徐々に対面で開かれるようになってきたので，そういった機会を利用して印象に少しでも残れば，プラスになると思います．

—— やはり学会で話すと強い印象が残るものですか？

安田涼平　残りますね．私も学会でいいポスター発表をしている学生やポスドクがいたら名刺を渡す，というのをくり返して，いい人をリクルートしようと頑張っています．名刺があると「メールして」と伝えつつ渡せばいいだけですので使いやすいですね．裏側にQRコードを印刷してウェブサイトに飛べるようになっていると便利です．

※1　PI（Principal Investigator）：独立したラボを運営する研究者の意．大学のテニュアトラックのAssistant Professor，テニュアを取ったAssociate ProfessorやProfessor，研究所のInvestigatorなどの肩書が相当する．

1章　あなたの研究キャリアに海外という選択肢を［座談会］

写真は上段左から五十嵐 啓，中田大介，安田 圭，下段左から山本慎也，山田かおり，安田涼平（敬称略）．参加者のプロフィールは，奥付（山本・中田），3章（五十嵐・安田涼平），5章（山田），7章（安田圭）を参照．

山本　ミーティングも Keystone や Gordon※2 といった小さめのレベルの高い学会に行った方が，知り合いをつくりやすいと思います．例えば食事のときに「隣いいですか」と入っていく．タイミングは難しいですが，1週間くらいのミーティングで10回くらいはチャンスがあると思うので，今晩だめだったとしても明日の朝食時にチャレンジ，とめげずにやってみてほしいです．

——幸い Gordon は早くからオンサイトも復活しています．

五十嵐　日本人はコロナの間（オンサイト学会に）来ている人がほとんどいなかったですよね．今回（2022年）のSfN※3で日本から来た人と話をすると，円安の影響もあって飛行機代とホテル代とをあわせて1人あたり50万円かかると言われたんです．だから学生を連れてこられな

※2　Keystone や Gordon：Keystone Symposia（https://www.keystonesymposia.org/）および Gordon Research Conferences（https://www.grc.org/）．いずれも50年以上続く科学・医学の学会群で，約1週間の合宿形式で開催される．
※3　SfN：Society for Neuroscience（北米神経科学学会，https://www.sfn.org/）．参加者30,000人以上の規模で開催される．

くなり，ボス1人だけで来ている人が多い印象です．これが続き，今後も学生のチャンスがなくなっていくと，大問題だと思いました．

中田　あとは学会で会っていなくても「自分はこういう研究が行いたくてあなたのところにポスドクとして行きたい」と真摯にメールを書いたら，大抵のPIは読むと思うんですよね．コピペのメールではなく，感銘を受けたその人の仕事や自分がやりたいことをはっきりと書いていれば，話を聞いてくれる可能性はあると思います．

山本　あと大切なのは「フェローシップ（奨学金や研究助成金）を持っていないと留学できない」とは思い込まないことですね．もちろん日本からフェローシップを持ってくるに越したことはないのですが，ではそれがなかったらアメリカで雇われないかというと，そういったことはありません．ポジションに空きがあってちゃんとタイミング良く自分の研究を調べてくれているような熱意のこもったメールが来たら，フェローシップの有無にかかわらずレスポンスはします．むしろ行き先のラボや研究テーマが決まってからの方が，海外学振のようなフェローシップの応募もしやすいでしょうし．

　あとはタイミングももちろん重要です．いかに素晴らしい先生でもタイミング的にどうしても人を採れないときはありますので，そういうときは諦めて次に行くというスタンスが大切かと思います．

――ポジションがオープンというのは，そう宣言されていればわかりますが，オープンと言ってないような人に対してもメールは送っていいものなのですか？

安田圭　送っていいですね．（全員うなずく）

山本　大学や研究機関によって多少ルールが違うかと思いますが，多くの場合，求人票というのは，本当に誰かを探している場合に出す場合もあれば，ある程度いい人が見つかってから（PI側の要求に応えて）出す場合の，2通りがあるかと思います．ですのでメールを送る時点で求人の有無は考えなくていいと思います．

2 大学院留学はメリットたくさん. ポストバカロレアプログラムも選択肢に

五十嵐　先ほどの山本さんの話を聞いて思い出したのですが, ポスドクで行くより前に, 大学院のPh.D.コースでアメリカに留学するといいのではないかと私は思っています. というのも日本の大学院は, 給料も出ませんし, 研究費の総額や論文数も横ばいです (令和4年版　科学技術・イノベーション白書[4]). 山本さんのように大学院から留学するというのはまだそこまでメジャーでないので, 勇気も必要だったと想像しますが, 実際はどういった過程でしたか?

山本　実はこれには裏話があり, 私の場合, 正攻法ではなかったんですよ. 学部6年目のときに秋休みが2週間くらいあったので, 先ほど話した「メールが返ってきた15人」のうちの何人かに, 自分で航空券を買って旅程を組んで直接会いに行きました. 東から西まで, ベイラー医科大学を含めた4カ所です. ほとんどのところはおおよそPIと1:1で話した後にラボメンバーと話したり, 日本人スタッフがいたら紹介してもらったりした後, 残りの時間はその街を一人で観光, という比較的気楽な日程でした.

　しかしベイラーは, Hugo Bellen 先生という当時の発生生物学のPh.D.プログラム Director, 後のボスなんですけど, 彼が私のヒューストン滞在中の2日間にわたって面談をみっちりとセッティングしてくれたのです. 大学院プログラムに所属するファカルティのメンバー10人と会ったり, 学生とのランチやディナーがセッティングされたりと, 正規の選考よりも少しきついくらい[5]の日程です. 終わった後Hugoのオフィスに戻って感謝の言葉を述べたあと「この後にカリフォルニアにも行くんだ」と伝えたところ, 「もしベイラーに来たかったら

---

[4] https://www.mext.go.jp/b_menu/hakusho/html/hpaa202201/1421221_00001.html

[5] 通常の入試ではファカルティとの面接は4〜5人ほど. 学生との食事もコミュニケーション能力や人柄などをカジュアルな場で評価するために設けられることが多い.

来てもいいよ」と内々定のようなオファーをなんとその場でいただきました．まだ正式な願書さえ出していない段階だったので非常に驚いたのを今でも覚えています．

　他に訪問したところもとても素晴らしい環境だったのですが，Hugoの熱意を感じたのと，彼の研究内容に惹かれたということもあり，ベイラー医科大学からのオファーを受けることにしました．このオファーがなかったら，その年の年末にかけて10カ所以上の大学院に応募し，書類審査を通ったプログラムの面接審査を翌年の頭（1〜3月ごろ）にかけて受けることになったはずです．

五十嵐　それはdirect-admit，つまりある特定のラボの先生がいいといったら，そのラボにだけ入れる前提で合格という形ですか？

山本　いいえ，Hugoにはどのラボでもいいと言われました．逆に私が学位を取ったプログラムは，特定のラボにしか行く気がない大学院生をなるべく採らないという方針でした．そのラボでうまく進めばいいですが，入学後にPIとの関係がうまくいかない場合に学生がドロップアウトするリスクが高まりますから．現在，このプログラムを含めた3つのPh.D.プログラム（他の2つは遺伝学，神経科学）の入試にかかわっていますが，すべて同じスタンスを採っています．ちなみにアメリカでは大学院によって留学生に優しいところと厳しいところがありますよね．州立大学，それこそカリフォルニア大学系列などは留学生に厳しいのではないですか？

五十嵐　州立大学の大学院は外国人の留学生には狭き門です．留学生を受け入れるとstipend（給与に相当する給付金）以外にも15,000ドル（約225万円）[6]ほどの追加の授業料を，PIが払うことになるのです．年に2人だけ大学が授業料を出してくれるという例外はあるのですが，基本的に資金に相当余裕があるPIしか留学生を雇用できません．ベイラーは私立大学だから，授業料がないどころか受験料もただですよね．

※6　1ドル＝150円で計算．以下同．

なので日本から留学するのであれば私立大学の方が入学しやすいと思います．

安田涼平 最近は学士を取って大学院に入る前に，給与つきで研究の機会を得ながら出願準備を行える，ポストバカロレアプログラム（post-baccalaureate program）というものがあります．私のいるマックスプランク フロリダ研究所だと Postbacs[7] がそれに相当します．実験を行うだけでなく，コーディネーターがアテンドし学会発表を行うという過程もあり，これによって業績を重ね，大学院への出願をめざすというものです．いきなり大学院に出願するといっても研究業績が足りずハードルが高いという人は多いので，こういうプログラムを利用するのも手です．

山本 日本とは異なり，アメリカでは大学と大学院の間にいわゆる「ギャップイヤー」があったとしても，それは経歴や将来の就職などに全く響きませんし，むしろその1年ないし2年間でしっかりとしたラボで修行したという業績があれば，大学院からも引く手あまたです．それに加えて，日本人としてありがたいのは，英語のブラッシュアップができることです．すると書類審査に必要なエッセイの出来や面接のときの受け答えが違ったりします．

安田涼平 大学院に向けたプログラムなので，もちろん面接の練習も行います．行った研究は最終的には自分でプレゼンテーションします．そういうのが全部役に立ちます．アメリカに行くために「いろいろ準備しなきゃ……」と考えていると，いつまで経っても動けなかったりするものです．なのでお金の心配をしなくてもいいこういうプログラムを使って，「とりあえず行く」って決めてしまうのもいいのではないでしょうか．

※7 https://mpfi.org/training/postbacs/

3 Ph.D.取得後のインダストリーも大きな選択肢

——アメリカのポスドクの待遇はどのようなものなのでしょうか.

山本 アメリカのポスドクの給与は,基本的にはNIHの勧告[8]をもとに設定されています.ベイラー医科大学は物価がそこまで高くない地域にあり,この勧告そのままの金額を支払っています.最新の2024年5月の勧告では,ポスドク1年目の人は61,008ドル(約915万円)です.

五十嵐 カリフォルニア大学は物価高を考慮して最近給料の大改定を行いました.ポスドクは初任給65,000ドル(約975万円),毎年昇給があり,5年目のポスドク年給与は77,000ドル(約1,155万円)になりました.さらに健康保険などが福利厚生としてついてきます.Ph.D.コースの大学院生にもstipendとして40,000ドル(約600万円)が支払われ,先述の通り,PIはそれに加えて学費を15,000ドル(約225万円),(学生の肩代わりをする形で)大学に支払います.ですので合計55,000ドル(約825万円)と,プラス福利厚生の金額が,大学院生1人に対してPIの研究費から支払われることになります.

中田 日本の大学院生には給料も出ず学費も自分で支払うという話を同僚とすると「考えられない」と言われますね.

山本 PIの目線として,大学院生とポスドクは「一人前の研究者として雇用している」という点で共通しているように思います.そして,実際にアメリカでは研究予算の大部分を人件費に使える設計になっています.むしろ高価な研究機器などは個々の研究費で買うのが難しいので,最新の実験装置は共通機器としてみんなで使おうという意識が高いように感じます.

安田涼平 最近ではPh.D.を取った後にインダストリー(民間企業)に行く人が多くいます.例えばバイオテック系企業から100,000ドル(約

---

[8] https://grants.nih.gov/grants/guide/notice-files/NOT-OD-24-104.html

1,500万円）といったオファーが出ているそうです．アカデミア側からは到底カウンターオファーできなくて，どんどん人材が出ていく．なので大学も給料を上げる方向に進まざるを得ない状況です．

五十嵐　ポスドク人材が不足しているという話は頻繁に聞きますよね．昔なら絶対に人材募集を出さなかったような超大御所の先生が，最近ではポスドク募集を出していたりします．COVID-19と，あとはThe Great Resignation[9]の影響が大きいですね．

山本　あとは中国からのアメリカへの人の流れも少なくなっているようです．国同士の関係悪化の影響もあるかもしれませんが，中国の研究のレベルが上がって，アメリカに留学する必要性が下がっているようなのです．そのような中で大学も人材探しに躍起になっている状況です．日本の研究所や大学で雇い止めが発生する可能性のニュースが出たとき，うちの学部長から「これは日本に向けて募集を出すチャンスじゃないか？」という話が出たくらいです．

4　海外に出るリスク，日本に残るリスク

五十嵐　日本でも「もう海外に出る必要はない」と思う人が増えているのではないでしょうか．若い人に話を聞くと，いま教授になっている人の世代で留学を経験していない人が増えているようなのです．むしろ「留学するな」と言われたという話すら聞くくらいです．たしかに海外に出ていろいろなチャレンジをするのはリスクではありますが，そういったリスクを取りたくない人が増えているように感じます．そういった人から教わった若い世代に向けて「留学するといいよ」とメッセージを出しても響かないかもしれません．でも，研究者としての真のリスクは，日本に残り続けて自分が成長できないことだと思うのです．

---

[9]　The Great Resignation：COVID-19やそれに伴う働き方の変化を受け，労働者の多くが現在の仕事を離職する（もしくは検討している）状況にあることを表した言葉.

中田　私たちが教わった教授たちの世代はほとんどが留学していたように思いますが，今はそうでもないですよね．たしかに留学した後に，日本で教授職を狙う場合，ポジションが減っている割に日本にいる教員との競争になるため，日本のアカデミアとのコネクションが相対的に希薄になるという不利な要素もあるでしょう．しかし海外で教授職につく可能性を含めて考えた場合は，むしろ選択肢が増えるようにも思います．加えてインダストリーの選択肢も多いですし．

安田涼平　ただアメリカのポジションが潤沢かというと，必ずしもそうでもないと思います．いま増えているポジションはソフトマネー※10 のものが多く，バブルのような雰囲気もあるように思います．ただどちらにしろ，人口動態を考えても日本はポストも研究費も増えることは考えにくいですから，国内に留まることのリスクは大きいですよね．

山本　極端な円安の影響もありますし，米国内でも地域によって物価が相当異なるので直接比較することはできませんが，海外の研究職の給与水準は日本に比べて高いので，今後経済的な意味でも海外に出た方がいいと考える方も増えていくのではないでしょうか．

――インダストリーのポジションは増えている感覚はありますか？

安田圭　今はかなりの会社がレイオフをしているのでなんとも言えません．2020年ごろに雇用が一気に増えたタイミングはあったのですが，その反動で今は人が減らされている感覚です．

山本　グラントが取れなくてインダストリーに移られる方も少なくないですが，そういった流れは日本よりもアメリカの方がスムーズに感じますね．

安田圭　若手教員はコロナの前もみんな厳しい状態だったのですが，そこにコロナが来て限界を迎え，一気にインダストリーに人が移った印象です．私の周りはPIとしてラボを主宰していたAssistant Professor

---

※10　ソフトマネー：アカデミアにおいては，人件費を大学が供出せずグラントから出さなければならない場合，その人件費をソフトマネーとよぶ．対して人件費を大学が保証する場合をハードマネーとよぶ．

レベルでもかなりの人が移りました.

5 地域ごとの環境は? 待遇を巡る最新動向

——給与と密接に関連すると思うのが,地域ごとの生活環境の違いだと
思います.金銭面で大きく異なるのは,やはり家賃ですか?

中田 ヒューストンという街単位ではたしかに安いですが,教授陣が住
んでいるようないい場所だとそうでもないです.大学に近い人気のあ
るエリアだと一軒家で1ミリオン(100万ドル,約1億5,000万円)く
らいはしますね.

山田 それだとシカゴの方が安いかもしれません.街中は高いですが,
郊外に行くとミリオンはしません.

安田圭 ボストンは(大学やインダストリーが多く,人が集まる場所な
ので)本当に高いですよ.

山本 生活費が高いところはポスドクの給料に上乗せはあるのですか?

安田涼平 フロリダは物価が高いので,NIH勧告プラス10%というこ
とにしていました.ただNIH勧告の金額は今のインフレーションに追
いついていません.人事部はそこをきちんと見ていて,今年は給料を
さらに上げています.やはりポスドクが暮らせないんですよね.今ま
で払っていた家賃が突然15%も上がったというケースもあって,そう
なると大変なので.

五十嵐 ポスドクや学生が暮らすようなワンルームだと家賃はいくらく
らいですか?

安田涼平 フロリダは観光地なのでワンルームがあまりなく,ルームシェ
アしたりと工夫している人が多いです.それでも月2,000ドル(約30
万円)くらいはかかり,学生の収入だとやっぱりきついです.

山本 一方でルームシェアのメリットを感じる学生も多いようです.例

えば海外から来た大学院1年生の同級生同士で，一緒に勉強したり生活を助け合ったりと，ルームシェアがきっかけで横のつながりができることもあります．あとルームシェアでよくあるのは「2 bed roomの部屋をシェア」という形ですが，日本で言うところの狭い2DKを分けるというような形ではなく，広さのあるキッチン・ダイニング・リビングを共有し，それぞれ独立した個室・トイレ・バスルームがあるという感じで，ある程度のプライバシーは確保できます．

中田　待遇といえばこの前，カリフォルニア大学でストライキがありましたね．

五十嵐　やっと終わりました[11]．このあたりで部屋を借りると月2,800ドル（約42万円）くらいするので，やはり給料を上げざるを得ません．ポスドクに6-digit（100,000ドル＝1,500万円）を支払う時代がまもなくやってくるのではないでしょうか．そうしないと先ほど話題にも挙がったインダストリーとの競争の中で人を雇えなくなりますので．

中田　ストライキの件で，私の学部のミーティングでもポスドクや学生の給料を上げなければという話になったのですが，そうなると財源が問題になります．NIHのR01[12]の金額も変わっていないのでそこには頼れない，となるとフィランソロピー（寄付金）や，エンダウメント（寄付で得た資金を投資家の手に委ねて増やすこと）で補うしくみを考えなければいけなくなります．

安田涼平　人件費を大学にも負担してほしいと思っているNIHの思いどおりなんですよね……．

山本　逆に，アメリカの大学は給料を上げないといけないというプレッシャーがかかったときに実際にすぐ動けているともいえます．つい最近，ベイラーでもインフレの影響を鑑み，大学院生の給与を来年度か

---

[11]　2022年11月14日から開始，48,000人以上の教員が賃上げ等を要求．6週間後の12月23日，新たな契約条件への同意に達し，終結した．

[12]　R01：NIHの基本的な研究費．5年間継続する，標準的な直接経費は年額約250,000ドル．

ら2,000ドル（約30万円）増やすとの発表がありました．日本の奨学
金は今そこに対応しきれていないと思います．海外学振は比較的柔軟
に対応しているようです[13]が，留学生のQOLや生産性，また一部の
ラボでは受け入れの可否などに直結する問題なので，多くの留学者支
援団体には現地の物価や円安の影響などを考慮していただきたいと思
います．

―― 日本人研究者のコミュニティはどれくらいあるのですか？

山田　私が知る範囲ですと，シカゴではノースウエスタン大学とシカゴ
大学を中心としたコミュニティで，勉強会が行われています．あとよ
く耳にする研究者コミュニティは，ボストン，カリフォルニアにあり
ます．他にも各地に日本人コミュニティがありますので，海外日本人
研究者ネットワークのウェブサイトにあるリストも参考にしていただ
けたらと思います[14]．

安田圭　ボストンには日本人も多いので，ポスドクのコミュニティや，
あとはインダストリーのコミュニティもあります．日本の製薬会社か
ら駐在で来ている人もいれば，アカデミアから現地のインダストリー
に移られた方も参加しています．

安田涼平　私が前にいたデューク大学にもありましたね．大学規模だと
日本人コミュニティもつくりやすいと思います．

---

[13]　2022年12月21日，日本学術振興会は，海外特別研究員，海外特別研究員-RRA，国際競争力強化研究員に対
して，渡航先における急激な円安や物価高の影響に対する特例措置として臨時特別給付金を支給することを
発表した．
https://www.jsps.go.jp/j-ab/data/ab_keiji/R4kaitsuuchi_kyuufukin.pdf
[14]　https://www.uja-info.org/community/

6 大事なのはPh.D.取得日！ 先を見据えた人生設計を

——アメリカで研究するのは女性研究者にとってどのようなメリットが あるのでしょうか？

山田 性差別がないという意味ではやはりアメリカの方が楽ですね．た だ，いま日本にいらっしゃる方にアメリカをすすめてもあまり行きた がらないんです．何らかのリスクを感じているような気がするのです が……．

山本 コロナ禍の影響からなのか，アジア人ヘイトといった犯罪のニュー スがさかんに日本のメディアで報じられた時期があったので，その影 響があるかもしれませんね．銃犯罪のニュースなども残念ながら日本 と比べ耳にする機会も少なくないですし．私が住んできた場所や大学 のある場所は治安の良いところなので，これまでに危険な目に遭った ことは個人的にありませんが．

安田涼平 言葉の問題もありますかね．私の場合はポスドクからでした が，学生のうちから来た人の方がやはり英語は上手ですね．ほんの数 年の差でもかなり違います．

山本 大学院では否が応でも喋らされる機会が多いので上達しますね． クラスメイトと一緒に勉強したり，Qualifying Exam[※15]の練習でお互 いに試問し合ったり，口頭発表の練習を同級生・上級生と行ったり．

安田涼平 （デメリットやリスクに関して）あとは配偶者がアカデミア以 外の人であるカップルの場合はたしかに難しいかもしれませんね．仕 事がすぐに得られる保証がありませんので．

山田 私たち夫妻は2人とも研究者なので良かったですが，配偶者を帯 同して連れてくる場合ですと，現地の日本人コミュニティに入ること になると思います．そこで人間関係にトラブルがあったりすると，研

※15　Qualifying Exam：Ph.D.コースに入学した1～2年後に行われる中間審査．

28　研究留学実践ガイド

究者当人は仕事があるからいいかもしれませんが，家にいる配偶者は逃げ場がありません．研究者の家族ぐるみのつきあいや，日本語補習校に通う子どもを通したトラブルなどもあります．適度な距離感を保つおつきあいをしたり，日本人コミュニティ以外のところにも居場所をつくるなど，帯同する配偶者や子どものストレスを軽減するような心配りも必要になってきますね．

——山田先生はご夫婦で同じ大学にポジションを持たれていますが，夫婦で同じ大学にポジションを持ちやすいという制度があると聞いたことがあります．これは具体的にどういうシステムなのですか？

山田　実は私たち自身はそういった制度は使っていません．私も夫もそれぞれ独身でアメリカに来て，別々にキャリアを歩んだ結果として独自にポジションを取りましたので．そもそも夫婦のベネフィットというのは，例えば私が別の州のポジションに応募して，最終的な候補に残ったときに初めて「どうしてもあなたが欲しいので旦那さんもついてこられるポジションを近くに用意します」と出されるものなのです．

山本　アメリカだと単身赴任をしてカップルが別々に住むというのはほとんどないんですよね．なのでカップルの一方のみにポジションはあるけど配偶者にはないとなると，結局来てくれなくなるので雇用する側にとっては機会損失になります．

山田　あと自分の経験から言えることは，女性の場合はいつ子どもを産むかというのがキャリアに影響します．というのは，アメリカではPh.D. を取得してから10年以内の人（Early Stage Investigatorとよばれる）だけが応募できるようなグラントがかなりあります．ポスドクになってから出産すると，その期間の最中になってしまいますので，学生の間の方が人生設計としては楽だといえます．もちろん期間延長の措置はあるのですが，当時の私がそれを知らずに子どもを抱えながら急いで研究に復帰したところ，プロダクティビティが落ちてしまったので，だったらちゃんとゆっくり休んでおけば良かったと思ってい

ます．後輩には失敗してほしくないので，お話ししました．

五十嵐　私も研究者が子どもを産むのは大学院生のときが一番良いのではないかと思っています．ノルウェーにいたとき，大学院生で子どもを産む人が多くて驚きました．そうすると，有給での産休が1年間ももらえますし，在学期間も伸びてPh.D.取得日も後ろにずれるというわけですね．

　安田涼平さんが以前出演されていたNeuroRadioというポッドキャスト※16は，私もよく聴くのですが，番組でよく話題に上がるのが，「Ph.D.を取ってからすぐに海外に留学した方が良かったにもかかわらず，それに気づいておらず後悔した」ということです．まさに先ほどのEarly Stage Investigatorの制度のことです．日本だと早めに博士号を取るのが良しとされているのかもしれませんが，仕事が未完成な状態で博士を取りその後にその仕事の続きをポスドクとしてやっていたら，その間も「時計の針が進んでいる」んです．

山本　アメリカではPh.D.を取った日が大切な節目で，その日から「時計の針が動く（The clock starts ticking）」と言われたりするんですよね．逆に言えば，先ほど話に出たように大学院に入る前にギャップイヤーがあろうが，何年かかって博士号を取得していようが，その後のキャリアには影響がありません．

安田涼平　（研究者としてアメリカで成功したいのであれば）理想を言えば学生のときから来るべきですよね．先ほど話題になったポストバカロレアプログラムのようなものを使ってもいいので，とにかく来てしまうのがいい気がします．雇い先を探すのは大変かもしれませんが，ぜひ挑戦してみてほしいです．

――貴重なお話をありがとうございました．

（収録：2022年11月23日，聞き手・構成：羊土社編集部　早河輝幸）

※書籍化にあたり，内容を一部改訂いたしました．

※16　https://neuroradio.tokyo

2章

研究留学先を探し，オファーを獲得する

山本慎也（ベイラー医科大学分子人類遺伝学部，テキサス小児病院ダンカン神経学研究所）
中田大介（ベイラー医科大学分子人類遺伝学部）

　ポスドクやスタッフサイエンティストとしての立場で海外留学をするにはまず留学先の候補を見つけ，先方に連絡を取り，インタビュー（面接）を経て，オファー（内定）をもらう必要があります（**図**）．これらのプロセスはコロナ禍の前後で大きな変化はありませんが，近年，米国外からの留学生の伸びの鈍化，米国内での理系学生のインダストリー志向の上昇傾向なども相まって，積極的にポスドクやスタッフサイエンティストを探しているPIが多くいるように思われます（**1章**を参照）．こうしたポジションのほとんどは明確な公募や求人票が出ておらず，各PIが信頼する同僚からの紹介や優秀な留学希望者からの連絡を待っているのが現状です．本稿では留学先の探し方から応募での過程を順を追って説明し，筆者らの経験を踏まえたアドバイスを提供したいと思います．

1 興味のある研究先のリストを作成する

　海外留学とは現在興味を持っている分野をより広く，深く追求する場であると考える人がいる一方，大学院時代のテーマと全く関係ないが大変興味のある分野に進出する大きなチャンスであると捉える人もいます．

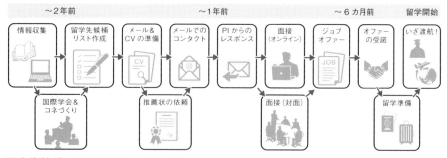

図 ◆ 海外ポスドク留学までの道のり
ここに記した時間軸はあくまで目安となるものであり,各個人により大きく異なる点に注意しましょう.

　いずれの立場であっても,今の研究分野や他分野の最新の論文を読み,業界の潮流や自分が本当にやりたいことが何なのかを日頃からよく考える習慣をつけておくことが実りのある海外留学への第一歩です.その次に,**留学開始予定の約2年前から,少なくとも約1年前までに興味のある海外のラボのリストをつくる**ことが大切です.最近の論文や学会発表で印象に残った研究,今のラボの教官・先輩・共同研究者の評判がいい教授,興味がある分野の学会やジャーナルで役員・委員を務めている先生などを羅列し,各PI・ラボに関する情報をなるべく多く集めましょう.インターネットや論文検索から得られる,留学先候補の絞り込みに役立つ情報としては以下のようなものがあります.

❶ PIのキャリアステージ(若手・中堅・ベテラン)
❷ ラボの規模(小規模・中規模・大規模)
❸ ここ最近のプロダクティビティー(発表された論文の質や数.ラボの規模による補正が必要)
❹ 共同研究が多いラボか否か(他のラボとの共著論文の質・数・割合)
❺ bioRxiv[※1],medRxiv[※2],chemRxiv[※3]やCell Press Sneak Peek[※4]などにアップロードされた査読前の論文の有無・内容(未発表の仕事の一端が垣間

※1 https://www.biorxiv.org
※2 https://www.medrxiv.org
※3 https://www.chemrxiv.org
※4 https://www.cell.com/sneakpeek

見れます）

❻ラボ出身者の進路（特にこれまで何人のポスドクや学生が独立し，PIになっているか）

❼ラボメンバー・ラボ出身者に日本人がいるか（いる場合はコンタクトを取ってみましょう）

❽研究資金の充実度（ memo を参照）

また，留学先をリストアップし，絞り込む段階で以下の点を考慮すると良いでしょう．

◆ 情報収集にはさまざまなメディアを利用しよう！

　大学や研究所の公式ウェブサイト以外にもPIやラボの情報を得る手段はたくさんあります．実際，面白みがなく硬直的な公式ウェブサイトをあまり好まない教官も多く存在し，学外で自ら立ち上げたラボウェブサイト（.eduではなく，例えば.orgや.comなどのドメインを利用）を充実させているPIも少なくありません．X/Twitter，Facebook，LinkedInなどのソーシャルメディアを通じてラボの最新研究を紹介しているPIも多い（**Column 2-1**参照）ので，さまざまなオンラインリソースを情報源として活用しましょう．また，**1章**の座談会で話題に出たように，学会などに参加して，興味のあるPIと直接対面で話をする機会をつくり，相手に好印象を与えることができれば，その後のコミュニケーションがスムーズに進む可能性が大幅に高まります．米国では**コネクション（コネ）は自らつくり出すものであり，自分の財産である**と考えられているので，積極的に行動し，ネットワークを広げましょう

◆ 大御所だけでなく実力のある若手や勢いのある中堅にも目を向けよう！

　留学希望先を検討する際，その分野の大御所である研究者に目を奪われがちですが，こうしたPIは他の留学希望者からも人気があり，必然的に競争が激しくなります．また，有名な研究者ほど1人のポスドクに対し指導を行う時間が少ないのが一般的です．ですので，仮に希望する有

memo 研究資金の重要性

　米国で研究留学を考える場合，PIの競合的研究資金（グラント）の獲得状況を考慮する必要があります．ポスドク・スタッフサイエンティスト・Ph.D.プログラムの学生への給付金や福利厚生（健康保険など）のほとんどがPIが獲得するグラントから拠出されます．仮にあなたがフェローシップを日本や米国の政府機関や財団から確保できた場合でも，PIのグラントが少ないと資金難のため，研究室で行える実験の幅が狭まってしまいます．また，任期の途中で資金が尽きると解雇される可能性が高くなり，そうなる前に留学途中で他のラボを探し，運良く移籍先が見つかっても，新しいPIの下，また一から研究体制を整え直す必要が出てきます．したがって貴重な時間や労力を失わないためにも前もってPIのグラント獲得状況をある程度調査し，インタビューの際には口頭でPIやラボメンバーからラボの資金繰りを把握する必要があります．

　インターネット上のNIH RePORTER[5]，NSF Award Search[6]，CDMRP Search Awards[7] といった研究資金検索ツールを使うことで各PIのNational Institutes of Health（NIH），National Science Foundation（NSF），Department of Defense（DoD）などの米国政府機関からのグラントの取得状況を検索することもできます．また，Howard Hughes Medical Institute（HHMI）[8]，Chan Zuckerberg Initiative（CZI）[9]，Simons Foundation Autism Research Initiative（SFARI）[10] やAlzheimer's Association[11] などの医学・生命科学研究に多額の資金を援助している財団・非営利団体のウェブサイトなども参考にすることができます．また，テキサス州のがん研究資金CPRIT[12] やカリフォルニア州の幹細胞研究資金CIRM[13] など，州政府独自のグラントも存在することを頭に入れておくといいでしょう．最後に，PIが著者になっている論文のAcknowledgmentの項目をよく読むと，どのような資金を用いてそのラボが研究を行っているのかを垣間見ることができます．正確な情報を得るためにはPIに直接尋ねることが不可欠ですが，留学先候補リストを作成する際にこうした情報も収集する癖をつけておくとよいでしょう．

※5　https://reporter.nih.gov
※6　https://nsf.gov/awardsearch
※7　https://cdmrp.health.mil/search.aspx
※8　https://www.hhmi.org
※9　https://chanzuckerberg.com/science
※10　https://www.sfari.org
※11　https://www.alz.org/research
※12　https://www.cprit.state.tx.us
※13　https://www.cirm.ca.gov

名ラボに留学をする機会が得られたとしても，思ったほど研究の指南を受けられなかったいうことでは元も子もありません．興味のある大御所に断られた場合，そのラボから大きな論文を出し，最近独立したばかりの若手PIなどを検討するのも作戦の一つです（**Column 2-2**参照）．また，興味深い論文を比較的短期間のうちに連発している中堅の研究者などにも注目すると，リストを充実させることができるでしょう．

◆ 大学名にはこだわるな！

　日本で有名な大学は学部（Undergraduate）の評価である場合が多く，大学院（Graduate school）の評価とは異なります．特にRockefeller University, Mount Sinai School of Medicine, Baylor College of Medicine, University of Texas Southwestern や University of California San Francisco などのレベルの高い研究を行っている単科大学院大学は，総合大学に比べ日本での知名度が相対的に低い傾向があります．また，Cold Spring Harbor Laboratory, Janelia Research Campus, Max Plank Institutes, Salk Institute や Mayo Clinic などの大学から独立して運営されている優秀な研究所も日本ではあまり知られていないのが実情です．US News & Reports などからは毎年のように大学院・研究ランキング[14]が発表されますが絶対的な指標ではありません．また米国では優秀な大学・研究所が全米各地に分散しており，大学のヒエラルキーがあまり意味をなしません．**大学院留学においては大学のブランド力・ネームバリューよりもPI個人・ラボの評価が重要となる**ことを踏まえ，自分の留学目的に合ったリストづくりを心がけましょう．

2 まずはコンタクトをとってみる

　留学希望先リストが完成した後，先方にコンタクトをとる手段として

※14　例えば医学校のランキングは以下のサイトなど．https://www.usnews.com/best-graduate-schools/top-medical-schools/research-rankings

は電子メールが一般的です．ただ，プロダクティブなPIであればあるほど，1日に百を超えるメールに目を通しては何十通ものメールを"トリアージ"しているものです．そのため，あなたが時間をかけて書いたメールを忙しいPIによく読んでもらい，候補としてのあなたの資質について時間を割いて考えてもらうためにはそれなりの工夫が必要です．

　よく読んでもらえず捨てられるメールとして最も多いのが，定型文でしかないものです．例えば，"Dear Professor"（宛名に名前の記載なし）や"Dear Dr. Daisuke Nakada"（名前だけフォントやサイズが違う）という宛名から始まり，自分の過去の業績，経験のある実験系について長々と書いた挙句，先方の研究への興味はざっくりと「造血幹細胞の自己複製に興味があります」，「ショウジョウバエを使った希少疾患の原因遺伝子探索に興味があります」，などと述べるだけのものを多く見ます．実のところ，業績はCV（Curriculum Vitae，理系アカデミア向けの履歴書）を見ればすぐわかり，特殊な技能（例えば高度なバイオインフォマティクス）以外では行える実験系を強調することは大して重要ではありません．それよりも**先方の研究分野に興味があることを示すため，具体例やあなたなりの展望を示すべきです**．例えば「2024年のあなたのXについての論文のYのデータに興味を持ちました．このデータをもとにZを指標として新規遺伝子探索を行うと研究の幅が広がるのではないでしょうか」，「この論文で用いられているα遺伝子のノックアウトマウスのβという表現型におけるγの治療の効果を見ることに興味があります」，などの意見を示すことでPIの気を引くことができるかもしれません．たとえそれがPIの興味外であったり，技術的に困難・無理な実験の提案だとしても，この人物は自分で考えて研究を行える可能性が高い，という好印象をもらえるはずです．すなわち，いかにこのメールはPIがワンクリックで削除している他のポスドク候補からのメールとは違うか，ということをメールの本文（もしくはカバーレター）で示すかが大事です．

　読者の中には海外のPIにポスドク候補としてメールを送りたいが，英語能力に自信がないために足踏みしている人も多くいると思います．英

文のメールやCVは周りにいるNative Speakerや海外留学経験のある人に一読してもらい，アドバイスをもらうこともできます．また，よほど読むのに苦労するほどの英文でない限り，メールの受け手としては英文の些細なミスはこの段階ではそれほど気にしていないと思います．むしろ，英文のメールは全く問題なかったのに，後日面接で実際話してみるととても同じ人物とは思えないほど英語での会話がスムーズにいかずびっくりされることがあるかもしれません．とにかく応募の段階で最も大事なのは相手に自分のことを知ってもらうこと，および先方の研究に対するあなたの真摯な興味をアピールすることなので，英語に自信がないことを理由に躊躇することがないよう，心がけてください．

　最後に，忙しいPIであれば学内やコラボレーターからの連絡といった重要なメールですら時折見落としてしまうことがあります．そのような中で，あなたが送ったメールも見落とされて数日内に返事がなくても不思議ではないので，もし返信がない場合は1週間ほど後に確認のメールを送りましょう．ただ，2〜3回連絡しても返事がないのであれば，諦めて他の候補ラボに連絡をする必要があるでしょう．**人事は往々にしてドライであり，先方からの返信がないことを理由に自分の資質について悩むのは無駄です**．スペースや資金がないなどの理由で優秀なポスドク候補からの連絡も断らざるを得ないことが多々あります．早速次のPIにコンタクトを取ったり，同時に何名かにコンタクトを取るべきでしょう．いずれにしても，先ほど述べたメールの文面や先方の研究への興味をきちんと書き直すことをお忘れなく．

3 推薦状を求められたら

　米国アカデミアにおいて推薦状は非常に重要視されます．メンターシップに関する賞を受賞しているようなPIから，この人物は私が見てきた若手のなかで上位数％内だと言われれば，ポスドクといわずファカルティ

（教員）のポジションでも間違いなくインタビューに呼ばれることでしょう（5章を参照）．興味のあるPIにコンタクトを取る準備と並行して，あなたの人となりや研究姿勢，ポテンシャルについて意義のあるコメントができる3名ほどの先生方（ラボの教授，博士の審査委員の先生，共同研究者，等）に英文推薦状を書いていただくよう手配しておきましょう．

　大学院生やポスドク，ファカルティの候補の推薦状を何百通も見てきて感じる「強い推薦状」は，**この人物は自分が見てきたn人の若手の中で上位何%に位置する，x大学でPIになったy氏と同じようなポテンシャルを感じる，といった具体的評価を含むもの**です．また，米国人は推薦状に否定的なことを書くことは（訴訟等のリスクを回避するため）ほとんどありませんが，あえてその項目について書かないことで否定的であることを示唆する，もしくはそう解釈されることがあります．研究への姿勢，自主性，創造性，勤勉さ，協調性，コミュニケーション能力などに満遍なく触れてあることが理想です．米国でも，どのような点を強調してほしいのか，業績や受賞歴など詳しくないなどの理由で候補者にPIが下書きを書いてほしいと求めることもあるので，もし推薦者に下書きを求められたら上記の点に気をつけて準備しましょう．

4　インタビューでは何をみられるのか？

　研究に対するあなたの真摯な姿勢が評価されれば，多くの場合その次のステップとしてインタビューと研究のセミナーをすることになります．学会等で米国に行くことがある場合はラボに招待してもらえることもあるかもしれませんし，なかには国際航空券まで負担をしてインパーソン（対面）でインタビューをする気前のいいPIもいるでしょう．ただし近年ではZoom・Skype等の普及により，米国外の候補のインタビューはオンラインで行われることがほとんどです．また，フォーマルなセミナーの機会が設けられる前に，突然PIから「30分ほど私とオンラインで話

しませんか？」といった旨の連絡がやってくることがあるかもしれません．いずれにしてもこの時点であなたのメール・CV・推薦書がある程度評価されたということなので，自信を持って面談に挑みましょう．

PIが候補者のどのような資質を重要視して面談に臨んでいるかは人それぞれで，研究者としてのこれまで打ち込んできた研究成果のインパクト，論理的思考，想像力・創造力，経験値，将来性，協調性，人柄など多岐にわたります．またラボのサイズ，PIが若手かベテランか，などによっても変わってきます．例えば，大きなラボを主宰している大御所のPIは自分の時間をかけずに自立して研究を行い成功できるような人物を探していることが多い一方，時間に自由度のある若手PIはむしろ手間暇をかければ成功するポテンシャルを持った人物や，即戦力となるような技術を持っている人物に惹かれることがあるかもしれません．いずれにせよ**PIとの1：1の面談は自主性や創造性といった，CVやカバーレター，推薦状では推し量れない点を直接アピールできる機会**なのでうまく生かしましょう．

読者の中には英語での研究発表は練習してスムーズに行うことができるようになっても，質疑応答に苦手意識がある人が多いかと思います．基本的には普段から発表をする機会を増やし，訓練あるのみ（国際学会で発表したり，日本のラボ内の発表を英語で行ったり）ですが，もし質問の意味がわからない場合は，「その質問は……という意味ですか？（Do you mean……?）」「別の言い方でその質問を言い換えてもらえますか？（Can you rephrase that question?）」などと問い返してみるといいでしょう．相手がもう少し噛み砕いた質問に変えてくれたり，ヒント的なものが提示されることで返答しやすくなることがあります．検討したこともない仮説や実験について聞かれた場合でも「わかりません」的な返答ではなく，「それは面白い提案ですね．AをBしたらその仮説を証明できるかもしれません」など，相手の質問や提案に興味がある姿勢を見せましょう．**PIが候補者をインタビューする際は理解や知識を問うために質問する以外にも，答えのない質問にどう対応をするのかを見ることで相手の**

思考力や柔軟性，発想の豊かさを測ることが多々あります．

　PIとの面談の前後には，ポスドクや学生などラボメンバーとの面談が設けられることがよくあります．この面談は，ラボやPIについて忌憚のない意見を聞ける貴重な機会です．相手の研究内容，ラボの研究環境，PIの評価，フェローシップの採択状況，将来独立する際に今行っているプロジェクトを持っていけるのか否か，かつてのラボメンバーのキャリアなどについて積極的に質問しましょう．また，多くのPIはラボメンバーが応募者と話したときの評価を大事にしているので，その人たちから「賢いけど，うちのラボに興味があるのかわからない」，「実力はありそうだけど，協調性がなさそう」といった評価を受けないよう，好奇心や社交性を見せることを忘れずに．また，ラボに招待され行われるインパーソンの面接ではPIやラボメンバーとの食事会に招かれるケースが多いかと思います．リラックスした雰囲気の中，生活環境などの研究以外の話をいろいろと聞ける有用な機会ですが，コミュニケーション能力やグループへの順応性などをみられている面接の一部だと捉え，気を引き締めて行動することが重要です（ネガティブな言動やお酒の飲み過ぎにはくれぐれもご注意ください）．

5 オファーが出た！正式に受諾する前に検討すべきこと

　インタビューで今までの研究の成果，自分の研究者としての資質を余すことなく披露できたなら天命を待ちましょう．**2** で述べたようにPIが優秀な候補者を採用できない理由はいくつもあります．もしオファーをもらった場合は，あなたにいくつかの選択肢が生まれます．**この段階では並行して何人かのPIに連絡を取っていることだと思いますが，それらの結果が出るまで待ってもらったり，そのオファーを礼儀正しく断っても失礼には当たりません．**ただし，結論をあまり先延ばしにせず，いつ

40　　研究留学実践ガイド

2章　研究留学先を探し，オファーを獲得する

までに結論を出せばいいかの確認を取りましょう．また先方もスペース・資金・ビザ等の関係でいつ以降からしか採用できない等の条件を提示されるかもしれません．もらったオファーの中から条件や研究面，生活面を総合的に判断し，比較的早期に決断を下しましょう．優先する項目は人それぞれですが，確認・検討すべき点をいくつか挙げておきます．

❶給与が妥当かどうか（特にNIHや大学の基準に則っているか）．

❷その給与での生活水準（地域によっては物価，特に家賃が高いので，扶養家族があれば特に注意）．

❸任期や給与が出る予定のグラントの期間，また任期が延長可能か．

❹プロジェクトの内容の確認と交渉（決まった仕事かある程度柔軟か，一人でやる仕事かチームとして行う仕事か，将来独立するときに持っていけるか）．

❺日本からの奨学金への応募への協力の可否（海外学振などの申請書にラボのデータを使えるか）．

❻健康保険の内容やビザの種類〔多くの場合はJ-1（交流訪問者ビザ）だが，H-1B（就労ビザ）などもありうる〕．

❼日本からのアクセスの利便性（日本への直行便がある都市の方が本人や家族の一時帰国の際などに便利）．

❽日本人コミュニティの有無（日本人会，日本語補習校，日系の食料品店，等）．

　また，オファーをもらったら留学準備の一環として海外学振[15]や私立の財団などが公募している日本からのフェローシップ（奨学金）[16]に応募することも検討してみましょう（**表**を参照）．PIによってはグラントなどで研究資金が潤沢にあるので，特にフェローシップを日本から獲得してくる必要はないという人もいると思います．ただ，競争的なフェローシップを獲得したという実績をCVに記載することは後々プラスに働くことが多いので，キャリアアップの一環と考えることもできるでしょう．またフェローシップに応募するためには何らかのプロジェクトを提案する必要があるので，PIと連絡を取り，留学後の研究計画を事前に検討するいい機会になるかもしれません．また，PIの中にはフェローシッ

---

[15]　https://www.jsps.go.jp/j-ab
[16]　UJAがデータベースを提供しています．https://www.uja-info.org/funding-search

表◆海外留学助成金の例

団体名	制度名	支給金額	
日本学術振興会	海外特別研究員	●往復航空費（帯同家族分を含む） ●滞在費・研究活動費（派遣都市・国によって異なる．年額約450〜750万円）	
	海外特別研究員-RRA	●往復航空費（帯同家族分を含む） ●滞在費・研究活動費（派遣都市・国によって異なる．年額約450〜750万円） ●子供手当（帯同する子一人につき滞在費・研究活動費の10％相当）	
国際ヒューマン・フロンティア・サイエンス・プログラム機構	HFSPポスドク・フェローシッププログラム 長期フェローシップ（LTF）	生活手当18万ドル（3年間合計）＋研究費7.2千ドル（年額）（米国に滞在する場合．留学先の国によって助成額は異なる）	
日本生化学会	早石修記念海外留学助成	800万円	
上原記念生命科学財団	海外留学助成金Ⅰ	600万円以内	
	海外留学助成金Ⅱ	留学月数×50万円以内	
第一三共生命科学研究振興財団	海外留学奨学研究助成	1,500万円	
東洋紡バイオテクノロジー研究財団	長期研究助成	700万円	
内藤記念科学振興財団	内藤記念海外研究留学助成金	700万円（1年以上の留学）	
持田記念医学薬学振興財団	留学補助金	50万円	
ケイロン・イニシアチブ	Cheiron-GIFTS（研究者家族留学支援イニシアチブ）	1家族あたり10〜40万円程度	

詳細は各団体にお問い合わせください．

　プが取れたら留学を受け入れるという条件つきオファーを出す方もいるかもしれません．**無条件のオファーが出た場合，先方はフェローシップの有無にかかわらず，あなたを雇用したいと考えているので，この場合は「フェローシップが取れなければ留学ができない」といったプレッシャーを感じる必要はありません．**

6 海外留学までの流れの具体例

　海外のラボで研究を希望する場合の準備に関する一般論的な解説は以

支給期間	募集人数	学位取得後期間/年齢等の主な要件	応募締切
2年間	約130名	学位（博士）取得後5年未満	5月中旬
2年間	5名程度	学位（博士）取得後10年未満，かつ出産・育児・看護・介護等による研究中断等の期間が通算90日以上	5月中旬
3年間	人数の記載なし	学位取得後3年以内	5月中旬
1年間	5名まで	学位（博士）取得から10年程度以内	7月中旬
1年間 90日〜1年未満	Ⅰ，Ⅱ合わせて約55件	37歳未満（6年制学部卒の場合は39歳未満）	9月上旬
2年間	5件程度	35歳以下（6年制学部卒の場合は37歳以下）	7月下旬
1年間	5名程度	39歳以下，学位取得後5年以内	8月下旬
−	5件以上	学位取得後8年未満かつ41歳未満	9月中旬
−	20件	45歳未満	5月中旬
−	3〜10家族程度	研究者に帯同する家族・パートナー	4月下旬

上ですが，実際の留学に至るまでの道のりは人それぞれです．そこで，テキサス州ヒューストンのテキサスメディカルセンター（memoを参照）に属する大学・研究所に留学中あるいは留学をしていた8名の研究者にインタビューを行い，研究内容や留学先が決定するまでの流れなどについて，以下の4つの質問に答えていただきました．

❶留学先のラボ，およびご自身の研究を簡単に紹介してください．
❷留学先はどのように探しましたか？ また，PIにはどのように連絡を取りましたか？
❸インタビューはどのような形で行われましたか？
❹留学を志す後輩へのアドバイスがあればお聞かせください．

また，ここで紹介したエピソード以外にも欧州への留学先探し（**Column 2-1** および **2-3 参照**）や企業に籍を置いたまま米国の大学に留学した体験談（**Column 2-4 参照**），『研究留学のすゝめ！』[※17] といった研究留学関連書籍，UJA（海外日本人研究者ネットワーク）の留学体験記[※18] などで紹介されている記事も併せて参考にし，ご自身にあった留学先を探すためのアプローチを検討してください．

◆ ベイラー医科大学：小川優樹

（留学期間：2018年6月〜現在）
PI：Matthew N. Rasband, Ph.D.；Professor；Department of Neuroscience, Baylor College of Medicine

❶ Rasband研は神経細胞の細胞骨格因子に着目し，特にランビエ絞輪や軸索起始部の生化学的・細胞生物学な研究を精力的に行っています．

❷ 博士課程の研究テーマの延長でRasband研の研究に興味を持ち，同研究室出身の日本人研究者にまず連絡を取り，PIやラボの話を詳しく伺うことができました．また，その方を介し，PIが同年夏フランスで行われるInternational Society for Neurochemistryの Advanced School という研究合宿の講師を務めることを知り，本合宿に申し込み，面会する機会を得ました．

❸ 合宿での面談の結果，私に興味を持ってもらうことができ，翌年の初頭に In person のインタビューに招待されました．渡航費や滞在費はすべてPIに負担していただき，5日間の滞在中にラボミーティングでセミナーを行ったり，ラボメンバーと1：1で面談をする機会をいただきました．帰国後も，話は順調に進み，同年6月からの留学が決まりました．その際，PIからは研究資金が潤沢にあるのでフェローシップの取得などは必要ないと言われたので，日本からの奨学金などには一切応募しませんでした．

❹ 渡米後，PIから提案されたプロジェクトはあまりうまくいかず，今やっている研究は留学当初計画していたことと大きく異なっています（**Column 4-5 参照**）．ですので，皆さんも物事が当初の予定通りいかなくてもそこまで心配することなく，PIと密に連絡を取り，新しいことに挑戦し続ければ必ず道は開けてくると思います．

※17　https://www.yodosha.co.jp/jikkenigaku/book/9784758120746/index.html
※18　https://www.uja-info.org/articles/

2章　研究留学先を探し，オファーを獲得する

> **memo** **医学研究都市ヒューストンとテキサスメディカルセンター**
>
> テキサス州ヒューストンといえばNASAを中心とした航空宇宙産業都市，石油メジャーのオフィスがひしめくエネルギー産業都市といったイメージが強いかと思いますが，実は世界中から医師や医療関係者・患者とその家族・生命科学研究者らが訪れる病院・研究機関の一大集積地としても有名な国際的な医学・医療産業都市でもあります．ダウンタウンの中心部から南に約20分ほど車で走った地区はテキサスメディカルセンター（Texas Medical Center，通称TMC）[19]とよばれ，テキサス大学医学部・歯学部ヒューストン校[20, 21]，MDアンダーソンがんセンター[22]，ヒューストン・メソジスト病院[23]，テキサス小児病院[24]など54の医学・医療に関連する機関が集まっています．全米のみならず世界中から年間約1千万人の患者を受け入れ，18万件の手術が行われ，12万人もの人が働く世界最大の医療複合体であり，非常に高度な生命科学・臨床研究がさまざまなバックグラウンドを持つ研究者・医師らにより進められています．隣接するライス大学[25]や，少し離れたNASAジョンソン宇宙センター[26]との共同研究も積極的に行われており，ナノ医療や宇宙医学といった学際的な研究もさかんです．筆者が所属するベイラー医科大学[27]は臨床・研究の両面で常にトップレベルの評価を維持している私立の単科医科大学であり，特に遺伝学分野での評価が高く，さまざまな遺伝子性疾患の原因の発見，ヒトゲノム計画への顕著な貢献，大規模なマウス・ショウジョウバエの研究施設を活用した研究などで知られています．また，アメリカ国立衛生研究所（NIH）のグラント獲得数・獲得額も全米の大学の中で上位〔20位・1,108件・年間約4億5,160万ドル（約680億円）〕[28]に位置しています．日本出身のポスドクも多く，近年では日本の臨床検査会社と共同で次世代型遺伝子診断を提供するジョイント・ベンチャー企業[29]を設立させるなど，日本とのつながりがますます深まっています．ヒューストンは日本からの直行便もあり，総領事館，商工会，日本人会，日本語補習校，日系スーパー・雑貨店・書店などがある生活面でも充実した都市でもあるので，留学先候補として検討してみてはいかがでしょうか．

---

[19] https://www.tmc.edu
[20] https://med.uth.edu
[21] https://dentistry.uth.edu
[22] https://www.mdanderson.org
[23] https://www.houstonmethodist.org
[24] https://www.texaschildrens.org
[25] https://www.rice.edu
[26] https://www.nasa.gov/johnson
[27] https://www.bcm.edu
[28] 1ドル＝150円で換算，2021年度の統計．https://www.usnews.com/best-graduate-schools/top-medical-schools/baylor-college-of-medicine-04110
[29] https://www.baylorgenetics.com

◆ ベイラー医科大学：三谷忠宏

（留学期間：2018年7月〜2021年3月）
PI：James R. Lupski, M.D., Ph.D.；Professor；Department of Molecular and Human Genetics, Baylor College of Medicine

❶ Lupski研はゲノムの構造多型と希少疾患の研究で世界的に有名な臨床遺伝学の研究室で，留学中はさまざまな希少神経疾患のゲノム研究を行いました．

❷ インターネットや論文を頼りに興味のある分野のさまざまな研究室の情報を集める中でLupski研に非常に興味を抱き，その過程で過去に一度だけご挨拶をさせていただいた日本人の先生が同研究室にかつて留学をされていたことを知りました．PIに留学希望のメールを出した際，その先生に取り次ぎをしていただき，その甲斐もあって話が順調に進みました．また大学院時代の研究室の留学経験者にカバーレターやCVに関する具体的なアドバイスをいただけたことも大きかったと思います．

❸ 私の場合は対面やオンラインでの面接やセミナーはなく，メールのやり取りのみで話が進み，オファーをいただくことができました．ただ，同ラボで採用されたポスドクの多くはセミナーや1：1のミーティングを経て採用されているので，例外的な扱いだと思います．PIの日本人に対する信頼が篤く，英語によるコミュニケーションが一般的に得意ではないという日本人の特性をよく知っていたことが影響したのかもしれません．渡米前の奨学金の公募の締め切りには間に合いませんでしたが，渡米後に応募できる日本の奨学金に応募し，採択していただきました．

❹ 私は臨床医でもあり，留学先では基礎研究を行っていたのですが，臨床と接点の多い研究室に所属できたことは大きな糧になりました．Lupski研とは帰国後も共同研究を継続しており，今でもポスドク留学の恩恵を受けています．留学前や渡米当初はいろいろと大変だとは思いますが，非常に実りが多いので頑張ってください！

◆ ベイラー医科大学：梅津康平

（留学期間：2020年11月〜現在）
PI：Irina V. Larina, Ph.D.；Professor；Department of Integrative Physiology, Baylor College of Medicine

❶ Larina研はイメージングを得意とする生殖生物学の研究室で，私自身は3Dライブイメージング技術を駆使した受精メカニズムの解明をめざしています．

❷ 大学院時代から引き続き興味があった生殖分野の最新の論文を読み漁り，5人ほどのPIにメールを出しました．メールにはCVと当時の指導教官からの推薦書を添付し，前向きな返事があった二つの研究室のPIと連絡を取るようになりました．

❸ PIとは2度ほどオンラインで1：1の面談をし，その後，ラボ向けのセミナーを行

い，オファーをいただきました．1：1の面接は主にラボの研究の話を伺ったり，ベイラー医科大学やヒューストンの魅力を伝えられ，自分が行ってきた研究の話をする機会はほとんどありませんでした．Larina研との話がトントン拍子に進んでいったことと，当ラボが第一希望だったので，もう1人のPIとは面接にまで漕ぎ着きませんでした．日本にいた頃は奨学金の公募に申し込まなかったのですが，渡米後応募した海外学振に採択され，支援をいただいています．

❹希望する留学先が必ずしもポスドクを募集しているとは限らないので，とにかくたくさんのメールを送ることをお勧めします．また，ポスドク留学で海外に行くことは大きなチャンスだと思うので，積極的に行動し，希望する留学先からオファーをもらえる可能性を高めてもらえればと思います．

◆ ベイラー医科大学：米澤大志

（留学期間：2021年4月〜現在）
PI：Margaret A. Goodell, Ph.D.；Professor；Department of Molecular and Cellular Biology, Baylor College of Medicine

❶Goodell研は造血幹細胞研究の第一線で活躍する研究室で，私は造血幹細胞の発生・分化におけるエピジェネティクスの役割を主に解析しています．

❷学位取得1年半前から自分の興味がある研究室リストを作成し，8人のPIに留学希望のメールを送りました．そのうち何人かは大学院時代の指導教官や知人に仲介をしていただき，同年の米国血液学会にて5人のPIに実際に会うことができました．

❸学会での短い面談（自分のポスターの前での短時間のディスカッション，および15分ほどの1：1の会話）の結果，3人のPIに対面での面接に招待され，コロナ禍前に10日ほどをかけ，3つの州の研究機関で面接を受けました．渡航・滞在費用はPIの皆さまに負担していただきました．面接はラボ全体に向けたセミナーの他，PIやラボメンバーとの1：1の面談が主で，滞在期間中はポスドクや学生との食事会もセッティングしてもらいました．幸い，3カ所すべてからオファーをいただき，第一希望のGoodell研に留学することを決めました．

❹私は幸いにも渡米前に日本で応募した奨学金を取得することができましたが，米国籍や永住権がなくとも応募できる米国の奨学金が，研究分野にもよるかもしれませんが，意外と多いことに後から気づきました．実際，留学先の奨学金の方が事務手続きや研究を遂行するうえでメリットも多く，またほとんどのPIは面接に招待してもらえた時点でポテンシャルを買ってくれているため，奨学金が取れなくても雇ってくれる人が大半だと思います．今留学を考えている人は，奨学金に関しては過度にプレッシャーを感じる必要はないと思います．いろいろな人の話を参考にしながら積極的に行動して，留学後は研究を全力で頑張ってください．自分も頑張ります！

◆ テキサス大学MDアンダーソンがんセンター：原 貴恵子

（留学期間：2019年10月〜現在）
PI：Chad Tang, M.D.；Associate Professor；Department of Genitourinary Radiation Oncology, Division of Radiation Oncology, The University of Texas MD Anderson Cancer Center

❶ Tang先生は固形がんの転移巣に対する定位放射線治療を専門とする放射線科医で，放射線治療効果を検証する治験を複数主導しています．私の研究は，治験患者様から採取した検体を用いてがんの原発巣と転移巣の腫瘍免疫微小環境の経時的変化と放射線治療効果の関連を明らかにすることを目的としています．

❷ MDアンダーソンがんセンターへの留学は日本で所属している順天堂大学人体病理病態学講座からの紹介でした．2年間の予定でご紹介いただいたラボに所属した後，留学期間を延長したい旨を当時のDivision Head[※30]にご相談し，人材を募集していた現在のラボを紹介していただきました．Division HeadからPIに話を通していただいた後，自分からPIにインタビューのお願いをメールでお送りしました．

❸ 面接はPIである放射線科医の他，MDアンダーソンの他科に所属する共同研究者の腫瘍内科医，病理医，基礎研究者とバックグラウンドの異なる4名の先生方と個別にお話をしました．すでに現地にいたのですが，コロナ禍の影響が残る時期であったことと，当研究所の建物は広大なテキサスメディカルセンターの各所に散らばっているためインタビューはすべてオンラインで行われました．予想外の面接形式に戸惑いましたが，今思えば多角的な視点，チームワーク，コラボレーターの意見を大切にするPIらしい面接形式だったと思います．Division Headの多大な支援があったこともあって話は非常に速く進み，比較的スムーズに新たなスタートを切ることができました．転籍後はPIからの親身なサポートを受けながら複数のフェローシップへの応募をし，Department of Defense（DoD）[※31]のKidney Cancer Research Programから研究資金を取得することができました．

❹ 医局の紹介で渡米した私がここまで留学を継続できているのは日米両国の直属の上司と，Division Headやコラボレーターの先生方など，複数の良き相談相手やキャリア形成をサポートしていただける方々との出会いがあったからに他なりません．異国の地で自分の味方を増やし，良い仕事をするためには，コミュニケーションが大切と感じます．日々アンテナを張り巡らせ，良いご縁をつかみ取り，ぜひ留学を成功させてください！

※30　複数の関連するDepartmentのChair（主任教授・科長）を束ねる「部門長」的な役職．
※31　アメリカ国防総省．国防のみならず，現役・退役軍人のサポートを主要なミッションの一つとしていることからがん研究などの医学分野で研究費を拠出しています．

◆ テキサス大学MDアンダーソンがんセンター：古舘　健

（留学期間：2019年4月～2021年1月，および2023年4月～現在）
PI：高橋康一；Associate Professor；Department of Leukemia, Division of Cancer Medicine, The University of Texas MD Anderson Cancer Center

❶ MDアンダーソンがんセンターの高橋康一研究室は臨床と研究に精通したPIの指導の下，治療関連白血病とクローン性造血を主な研究テーマとし，がんの根源に迫る先進的な研究を行っています．私自身はバイオインフォマティクスを用いた汎がん解析に取り組んでいます．

❷ 留学先を探し始めた当初，ネットワークも業績もない状況で，受け入れ先を探すのは決して容易ではありませんでした．医学系大学院修了後に2年間の関連病院での出向を終え，大学病院に復職したタイミングで，日本人向けの米国研究留学に関する情報サイト[※32]で公募情報が掲載されていた20の研究室にメールを送りました．メールには，自己紹介・留学への熱意・大学院での研究内容を簡潔に述べ，私をよく知る3名の教授の連絡先を添付しました．

❸ 連絡した20の研究室のうち，4つから面接に誘われ，PIとの1対1形式のオンライン面接を経て，いずれの研究室も海外留学助成金を獲得できたら受け入れ可能との返答を得ました．面接終了後のやり取りで，現PIの高橋先生から「立派な業績を持った応募者は他にもいるが，それよりも自分で物事を進めていく力が必要です．あなたにはその稀有な能力があると思います」という励ましの言葉をいただき，勇気をもらうと同時に留学先を高橋研に絞りました．当時応募可能であった10の助成金を調べ，応募に必要な受け入れ承諾書を高橋先生から受け取りました．最終的に上原記念生命科学財団から海外留学助成金を獲得することができ，留学が正式に決定しました．

❹ 日本人PIの下で研究できるメリットは大きく，特に意思疎通が円滑に進むことは，新しい環境，異なる言語，新しい分野に挑戦するうえで重要でした．J-1ビザでの一度目の留学はコロナ禍の影響を大きく受けてしまい，帰国を選択しました．帰国後は，臨床・研究・教育の両立をめざしたのですが，日本でもコロナ禍の影響を受けてしまい，研究以外の業務に忙殺され，立ち上げた研究プロジェクトを追究することも家族と過ごす時間を十分に確保することも難しくなってしまったことが二度目の留学を決意するきっかけになりました．PIの多大な支援を受け，J-1ビザで再渡米し[※33]高橋研究室で引き続き研究に取り組んでいます．ヒューストンは人が優しく，治安・教育・物価の面でも暮らしやすい環境です．留学準備の大変さに心が折れるときがあるかもしれませんが，強い熱意を持ち続け，夢を叶えましょう！

※32　研究留学ネットのClassified（http://www.kenkyuu.net/classified/）．2019年12月以降の更新は停止している模様です．

◆ テキサス大学ヒューストン健康科学センター：穴見康昭

（留学期間：2016年5月〜現在）
PI：土釜恭直；Associate Professor；Texas Therapeutics Institute, The Brown Foundation Institute of Molecular Medicine, The University of Texas Health Science Center at Houston

❶土釜研は，有機化学を基盤としたメディシナルケミストリーとケミカルバイオロジーの研究室で，近年注目されている抗体-薬物複合体（Antibody-drug conjugate：ADC）の世界的研究室です．私自身も，有機化学を駆使し，さまざまな新しいADCを開発・創出しています．

❷博士課程最終年（4年制博士課程）に差し掛かる頃，JREC-IN[※34]で国内海外問わず，次の所属先を探していました．そこで土釜研がポスドクを募集していることを見つけ，PIにメールを出しました．その時点では，博士取得まであと1年あることから，1通のメールの往復で終了してしまいましたが，夏ごろに突然先方から「新たに研究資金を獲得できたので，もしまだ興味があるなら面接を行いたい」という連絡が届き，二つ返事で了承しました．

❸面接はPIと1：1でオンラインで行われ，これまでの研究の発表を45分程度+質疑応答，その後PIによる研究概要の説明，それに対するディスカッションを30分程度行いました．面接数日後にオファーをいただき，受諾しました．その際，PIから，可能であればフェローシップを獲得してほしいと言われ，渡米前にいくつかフェローシップを申請しましたが残念ながら採択されませんでした．幸いなことに，渡米後に応募した海外学振に採択され，挑戦し続ける大切さを実感しました．

❹ポスドク先探しは，気になるPIに片っ端からメールを送り，返信があった中から交渉をしていくことが一般的だと思いますので，最初にアプローチしたPIのラボへの留学が比較的スムーズに決まった私のケースは非常にレアと思います．多忙なPIはメールを一瞬だけ見て忘れてしまうことも多々あるので，しばらく返信がなければ積極的にフォローアップすることも大切だと思います．JREC-INは国内の職探しに利用する人が多いかもしれませんが，海外PIも募集を出していることもあるので，受動的でなく能動的に行動し，自分の存在をアピールしてください．海外経験は，今後の財産になります．ぜひ，頑張ってください！

※33　J-1ビザの留学プログラムの内容によっては，Two-Year Home-Country Physical Presence Requirement（留学終了後，母国で2年間過ごすことを義務づけるルール）や24 Month Bar（再び同じカテゴリーのJ-1ビザを取るためには前回の留学終了後，24カ月経たなければならない）といった制度があるので，自身のビザの詳細や在日米国大使館のウェブサイト，留学先の研究機関などから得られる最新の情報に注意が必要です．

※34　JSTが提供する求人公募データベース．https://jrecin.jst.go.jp/seek/SeekTop

◆ ライス大学：横井健汰

（留学期間：2022年8月〜現在）
PI：Hans Renata, Ph.D.；Associate Professor；Department of Chemistry, BioScience Research Collaborative, Rice University

❶ Renata研は酵素反応を利用した反応開発，天然物の全合成を行う有機合成化学の研究室です．私は全合成研究を主に行っており，酵素反応を利用することで従来よりも短工程で天然物を得る合成経路の確立をめざしています．

❷ 化学と生物，両方の知識や実験技術を活かした研究に興味があり，博士課程最終学年の4月ごろに海外でのポスドク先を探していたところ，雑誌の速報記事でPIの論文を見つけました．酵素反応を有機合成の一工程として組込む発想が当時の私にはとても新鮮で，この分野の研究に従事したいと思い，Cover letter，CV，現在の研究概要，指導教官の推薦文を添付したメールを送りました．幸いなことに2日ほどで返事をいただき，その1週間後にオンラインでのインタビューに誘われました．

❸ インタビューではPIと1：1で学生時代の研究について発表・質疑応答し，いったんはポスドクとして受け入れたいとの連絡をいただきましたが，その後しばらくして資金繰りが悪化してしまったのか，十分な給料を支払うことが難しいとの理由で断られそうになりました．とても興味があった研究室だったので留学助成金の獲得を条件に判断を保留にしていただき，さまざまな助成金に応募しました．幸運にも内藤記念科学振興財団からの助成金を獲得することができ，留学が実現しました．

❹ 急に留学先を探すことは難しいと思うので，日頃から幅広く情報を集めておくことが大事です．また，海外では研究費から給料が支払われることが一般的ですので，特に公募を出していない研究室に留学したい場合は助成金を獲得しておくと受け入れられる可能性が上がると思います．また，公募を出しておらず留学希望者が助成金を獲得できないような場合でも，条件しだいでは受け入れを考えてくれる研究室もあるので，積極的に行動して留学を掴み取ってほしいです．

著者プロフィール

山本慎也
プロフィールは奥付参照．

中田大介
プロフィールは奥付参照．

Column 2-1

ポスドク先探し
きっかけは思わぬところから

佐藤奈波（MRC 分子生物学研究所）

　私が博士課程まで所属していた研究室は，もともと英国で立ち上げられたこともあり，海外との交流が活発で，自ずと留学に興味を持ちました．

　留学先の探し方でまず考えられるのは，コネクションを活かす場合でしょうか．すでに受け入れ先のPIとつながりがある，もしくは共通の知り合いの研究者を通じて推薦・紹介してもらうなどがそれに当たると思います．特に人気のラボでは募集に対して数十人の応募があるので，これまでの仕事や人柄がPIと直接つながりを持つ人により保証されることは，採用への大きな足掛かりになります．

　もう一つの場合は，自分のやりたいことを起点に，ラボの大小や分野を問わず自由に探す方法です．具体的には雑誌や学会の求人広告を利用する，または論文を読んで自発的にコンタクトを取る必要があります．自由な反面，採用後に自分の思っていた環境と違ったというリスクもあるので，情報収集をしっかり行う必要があると思います．

　ラボ探しで私が重視したのは，興味があった発生生物学かつ自分の専門性を活かせる分野，そしてPIが若手でラボが小規模であることでした．自分の実力を考え，ボスと密にコミュニケーションが取れて，手技を一から教わることのできる環境を望んでいました．まず興味のある論文を読んで複数のラボにコンタクトを取ってみましたが，返事がないことはざらにありました．並行して，求人広告をチェックしたり，コネクションを頼ったラボ探しも行いましたが，相手が求めている人材と自分のやりたいことが一致しなかったりとうまくいかない時期が続きました．

　そんな私がチャンスを見つけたのは，X（旧Twitter）です．SNSを情報発信の場として使用しているラボも多く，興味のある分野やPIをフォローしていると，PIやラボ同士のつながりが垣間見れ，さらに，新着の論文情報，求人情報を得られることがあります．私にとってのきっかけは，Dr. Marta Shahbaziの「発生と上皮細胞に興味があったらぜひ連絡して！」というツイートでした．早速彼女の論文を読

み，メールを送るとすぐ返信があり，博士課程の研究や今後やりたいことをオンラインで話した後に英国でのセミナー兼インタビューが決まりました．振り返ると，特に独立したての若手PIはいろいろな方法でラボを売り込んでリクルートにつなげている場合も多く，SNSを通じたラボ探しは，若いアクティブなラボを探していた自分に合っていたのだと思います．

　面接が決まった2020年は，新型コロナウイルス感染症が拡大した時期でした．最終的にセミナーは中止になり，インタビューは分野のheadと他のラボのPI，Martaの3人を前に行われました．その後，運良くオファーをもらい，英国で研究生活を始めることができました．オファーに至るまでを考察すると，採用された大きな理由はまず，自分の専門分野やスキルが求められていたことと一致していたからだと思います．これは，特に独立したてのPIはすでに方向性の決まったプロジェクトがある場合が多く，ラボの発展のためにまずはそれらを完遂できる即戦力が求められているからです．さらにインタビューのために即渡英を決め，コロナ禍でもぜひ実際に会って話がしたいとアピールしたのも（当時はどうするのが正解なのか少し悩みましたが），熱意を伝えられて良かったのかなと思います．また，積極的に意識していなかったのですが，最初のメールに返信をもらえてからはMartaとのオンラインを含めたやり取りを通じて図らずも彼女の人となりやラボの資金繰り・研究環境について情報を得ることができました．例えばラボメンバーがいる場合は話を聞くなど，事前にこういった情報収集ができると，実際に留学をして「思っていたのと違う」という状況に遭遇するリスクの回避につながると思います．

　留学先が決まるまでは，海外でポスドクをスタートするまでの壁はとても高いと感じていましたが，今は，学部や大学院での研究を通じて専門性やスキルをしっかり培うことができれば，海外でチャンスを掴むことはそう難しくないのだと感じています．

Column 2-2

コーヒーと雨のエメラルドシティで新米PIとともに4年間を過ごして

西田奈央（早稲田大学高等研究所）

はじめに

　私は2017年4月から2021年8月まで，米国・シアトルにあるFred Hutchinson Cancer Research Center（現在はFred Hutchinson Cancer Center）で，計4年4カ月の留学をしていました．2018年には，留学中の体験記を『実験医学』11月号のラボレポートに寄稿しました．この原稿を書いている2024年2月時点で，帰国してから2年半が経過しましたが，その後の留学期間および留学後に得た考えを共有したいと思います．

留学時のこと

　私のボスであるTaranjit Gujral先生（通称Taran）は2016年秋にラボを立ち上げ，私はポスドク第1号でした．Taranはがんシグナル伝達を専門とし，組織スライス培養をがん組織モデルとして使用し，実験だけでなく数理モデルとシステム生物学の手法も活用して研究を進めています．彼は基本的に毎日ラボにおり，自ら実験を行い，週1回のラボミーティングや1～2週間に一度の1対1のミーティング，そしてコーヒーブレイクなど，気軽にさまざまな場面でディスカッションができました．頻繁にやり取りして外国の研究者の考えや仕事のしかたを知りたい，という私の留学の目的は達成されました．さらに，論文やフェローシップなどの科学論文執筆についても十分なトレーニングの機会を得ました．また，ラボを立ち上げたばかりのボスがどのように研究費を得て最初の論文を出すのか，学内外での研究ネットワーク形成，ラボのチームビルディングなど，シニアな教授からのアドバイスを受けながら新たなPIがラボを確立していく過程を間近で見ることができたのは，非常に貴重な経験でした．

　ラボのメンバーは約8人で，ポスドクと学生がそれぞれ2人ずつ，さらにテクニシャンとラボマネージャーという構成でした．この環境でシニアポスドクとして自分に期待される役割は常に意識していました．新米PIが最初に雇う人材は，文字通り同じ船に乗った運命共同体です．その人たちが研究を進められるか否かで，ラボが軌道に乗り，PIが研究者

として生き残れるかがかかっています．なので，研究を進めるためのサポートは充実していると思います．ただ，裏を返せばボス自身も必死であり，昇進やR01などの大型グラントの獲得のためになりふり構わない場合もあります．また，新米PIはスタートアップがあるとはいえ，長期にわたり無条件にポスドクを雇い続けられるほど経済的な余裕はありません．幸いにもTaranは2022年にAssociate Professorに昇進しました．私も少しは貢献できたのではないかと自負しています．

留学先で得られるもの—結局新米PIのラボに行くのってどうなの？

一概には言えませんが，新米PI（独立して5年以内のAssistant Professor）のラボには共通する状況はあると思います．より確立されたボスや，その分野をリードする研究者のラボでは，異なる経験や機会が得られるかもしれません．資金面やネットワーク，人材育成などは，経験豊富なPIのラボの方が優れているかもしれません．有名なラボでは，世界中から優秀なポスドクが集まり，議論が活性化したり，ラボを離れた後もそれぞれ独立したり企業で活躍するなど，ネットワークが広がるメリットがあります．アメリカで絶対独立しPIになってやるという気概の方は，卒業生が多く独立PIとなっているラボが近道でしょ

う．ラボの実情については，現地の知人や日本人研究者に相談してみるのが一番だと思いますし，ある程度はラボのウェブサイトや，グラント獲得状況サイト（NIH RePORTERなど，p.34のmemoも参照）で調べられます．

留学先の決め方はさまざまですが，私が留学先を選定する際には，興味深いテーマとともに，ボスの研究の進め方や考え方を学びたいという思いがありました．また，留学された他の方々とも議論しましたが，研究テーマだけでなく，ボスの人柄や，家族を伴って渡航される場合は特に住環境も重要な要素となってくると思います．これから留学される方は，留学を終えたときの自分の姿を想像してみてほしいのです．留学で何を得たいのか，留学後にどこに職を得るのが目標か．留学後のゴールの姿を具体的に描くことができたら，おのずとどのようなラボに参加すべきなのかが明確になってくると思います．

留学は私の考えを大きく広げ，研究者としての今を形づくってくれたと思っています．皆さんが自身のなりたい研究者像に近づける一助となれますよう願っています．

本稿を執筆するにあたり，佐々木敦朗先生率いる海外PI-V飛行隊[※1]のメンバーに聞き取りさせていただきました．厚く御礼申し上げます．

※1　https://x.com/atsuosasaki1/status/1721307304467877997

Column 2-3

Butterflies in my stomach

乘本裕明（名古屋大学大学院理学研究科）

はじめに

私は2016年10月から2021年3月まで，ドイツのフランクフルトにあるマックスプランク脳科学研究所のGilles Laurent所長（以下Gilles）の研究室でポスドクをしていました．楽しかった日々を回想しながら当時の経験を紹介します．

留学のきっかけ

きっかけはイタリアに行ってみたいからという不純な理由で参加した欧州神経科学学会＠ミラノでした．当時，今のボスGillesはバッタなどの非モデル生物を用いて神経生理学の研究をしており，驚くほどに質の高い論文を量産していました．この学会ではどんな話が聞けるのだろうと，前方の席でドキドキして待っていました．すると彼は開口一番「俺たちはこれから亀をやる」と言い放ち，ビジョンを話してくれました．Gillesとトークの内容があまりにもカッコよかったので，気づいたら壇上に駆け上がり，話しかけていました．そのときに私の口から出た言葉は「I have butterflies in my stomach... I want to work with you!」でした．Gillesは明らかに戸惑っていましたが数秒後には満面の笑みで「CVを送ってくれたら考える」と，返事をくれました．大成功です．英語が大の苦手であった私がなぜスムーズに話せたかというと，実は自分のポスター発表の直前に「緊張しています　英語」とGoogle検索で調べていたのです．「I'm nervous」といったらネガティブな緊張を意味してしまうのでポジティブに緊張しているときには「I have butterflies in my stomach」と言いましょう，と先生は教えてくれました．このフレーズが主に異性に自分の気持ちの高ぶりを伝えるために用いられることを知ったのは，渡独してから3年後でした．あのときは興奮したよーと，武勇伝のように同僚たちに話したら涙を流して笑われました．あれは恋みたいなものだから自分の発言に後悔はない，と強がりましたが内心赤面です．もし私と同じような状況になった方はシンプルに「I'm excited!」と言うのがよいかなと思います．このような背景があり，私は結果として

海外に出ることになりました.

Gillesとの日常

ボスのGillesですが,彼は形容し難いオーラを纏っています.彼の部屋に入ると背筋が伸び,その一方でどこか安心感を覚えます.研究の進め方も私にとってとても新鮮でした.基本的には自由で,何でもやりたいことをやってみろと言われます.皆がそれぞれ探索実験を行い何かを発見し,ラボミーティングで誇らしげに発表するのですが,そのほとんどは無に還されます.ラボミーティングが可燃性なのは世界共通です.面白いことに,いったんGillesが探索結果を面白いと思ったらその瞬間からハンズオンに切り替わり,マイクロマネジメントが始まります.私はポスドク中はバカンスをたくさん取り,欧州を周遊しながらのんびり仕事を進めていこうと目論んでいたのですが,早速その夢は崩れました.

ディスカッションも最高です.ラボに加入したばかりのとき,Gillesと議論していると,この人は何を的外れなことを言っているのだろう,と思うことが何度かありました.でも数カ月後,データを取ったり調べ物をするうちにその真意が理解できた経験が数回あります.それ以降,何かを提案されたときはすぐには否定せず,それを家に持ち帰ってGillesの思考をたどろうと努力しました.衝突することも多々ありましたが,その甲斐あってか仕事は爆速で発展しました.重要なことに,議論が終わったら元通りの仲良しです.Gillesがラボメンバーの人格を否定しているのを見たことは一度もなく,それも私たちが安心してぶつかっていける一因だったと思います.

相棒Lorenz

私がラボに参加した日にもう1人,Lorenz Fenk君というオーストリア人が加入しました.彼とは会ってすぐに意気投合し,興味も似ていたので同じテーマに二人三脚で取り組むようになりました.私たちはトカゲの脳標本を使って電気生理実験を行っているのですが,その標本は丈夫なので2,3日の間使い続けることができます.なので例えば月・火は24時間以上ラボで実験をし,水曜日は体力回復に充て,木・金は再び長時間実験orデータ解析をするといった変則的な生活を送っていました.週末はほぼ毎週,Lorenz＋αの3〜4人で食事をし,その後は朝まで公園で歌ったりクラブで踊る生活が続きました.Lorenzとは平日も休日も実験中も食事中も常にさまざまな議論をしていたので,そのうちに所内で私たちがカップルだという噂が流れるようになりました.面倒だからいったん公の場で飲むのは控えようという話になり,しばらく仕事だけに集中したこともありました.が,これが逆効果でした.その行動があまりにもリアルだということで皆の疑いが確信に変わったそうです.何でも良いですが,彼は親友であり最高の同僚です.

海外に出た方が良いのか?

研究者が海外に出ないのは甘えだという意見を耳にすることがあれば,研究は日本でもできるという意見も耳にします.自分が納得していればどっちでもいいんじゃない?というのが私の率直な気持ちです.ですが直接つながりのある人から意見を求められたときには海外留学を強く勧めています.留学から何

も得られないことは絶対にないからです．年単位で海外に住み，働くことで得られる経験は，心にずっと残り人生を豊かにしてくれます．たとえ研究や生活がうまくいかなかったとしても，その失敗は元ラボに居座り続けることによる失敗とは種類も質も異なります．ちなみに私は日本独特の密告文化や足ひっぱり文化から離れられただけでも十分な価値があったと思っています．

もう1点理由を付け加えるならば，海外からの留学生に優しくなれることでしょうか．私の大学院時のラボには当たり前のように留学生がいて，皆楽しそうにラボ生活を送っていました．自分が留学してみて初めて，外国人が楽しくラボ生活を送るためには裏でたくさんの努力をする必要があることがわかりました．

たった1回のプレゼンで私の人生を変えてくれたGillesに心から感謝しています．

Column 2-4

企業からの海外研究留学
もう一つの選択肢

高橋一敏（味の素株式会社 バイオ・ファイン研究所）

　私は会社から海外留学の機会を得て，2014年から2年間，米国カリフォルニア州にあるカリフォルニア大学サンフランシスコ校（University of California San Francisco：UCSF）に所属し，タンパク質工学の技術を学びました．車で1時間ほどの距離にカリフォルニア大学バークレー校やスタンフォード大学があるという立地条件から，多くの企業所属の留学生と知り合う機会にも恵まれました．

　海外研究留学というと多くの場合，博士号を得たばかりの若手研究者がキャリアアップのためにポスドクとして一定期間，海外の大学や研究所に所属し，研究成果を積み上げ，次のポジションを得るためのステップというイメージが強いと思います．一方，中には日本のアカデミアで助教などのポストを保持しつつ海外で研究をしている大学教員もいます．企業海外留学はこれに似ており，所属する企業にポストを残しつつ，海外の大学や研究所で研究をすることになります．研究者としてのレベルアップやネットワークづくりという側面はありますが，次のポジションを得るためのステップという側面はあまりありません．また，国外に研究所を持たない企業が，研究者に若いうちに海外経験をさせるという意図もあります．一般的なポスドクとは似ていても，根本のところで非なるものというのが私の企業留学のイメージです．

　企業留学の機会の取得には，会社からの社内選考がある場合が多いです．つまり，企業に就職して一仕事してからになりますので，一般的なポスドクと比べて年齢層は若干高めになる傾向があります．また，博士号を取得してから就職した方ばかりではないため，博士号を持たない方や，論文博士や社会人博士を経て留学を開始する方もおり，幅広い経歴や多様な背景を持った方が多いと感じました．

　留学先の決め方は一般的なポスドクと同じで，PIに直接連絡を取ったり，出身大学の先生や海外留学経験のある上司に紹介してもらったりします．留学先での研究内容なども一般的なポスドクとあまり変わらない一方で，雇用体系は大きく異なります．グラントや，

留学先の先生から給与を保証してもらうことでビザを取得するのではなく、企業からの研究留学の場合は、所属する企業から給与保障をしてもらうことになります。つまり、受け入れ側としては、よく働く研究者が給与とあわよくば共同研究費を持ってくるということになります。そのため、受け入れる先生の思惑は一般公募で募集したポスドクを雇用する際とは大きく異なるのではないかと思います。研究内容は、帰国後に社内での研究開発に役立つ技術や知識の習得をめざしている場合もあれば、社内の仕事をそのまま持ち込み共同研究を行う研究赴任のような場合もあります。それに伴い、知的財産の帰属について考える必要があるのも企業留学ならではかもしれません。例えば新しい技術を発明した場合、大抵知的財産は留学先に帰属します。その場合、生じた知的財産を帰国後に同じように会社で使うのは難しくなります。知財の発生が見込まれる場合は、留学前に会社の知財担当と留学先の担当者での調整が必要です。

生活面ですが、給与や福利厚生は所属する会社の規程に準じることが多く、日本と同じ程度の生活を保障されている場合が多いように感じました。家賃が高い大都市近辺への留学を考える場合、家賃と安全は比例することがあります。安全面を含む生活面での不安がないことは、企業留学の大きなメリットといえるかもしれません。また、会社とはほぼ切り離されている方もいれば、日本からの出張者のアテンドなどをしている方もおり、この辺りも会社の文化によって異なりそうです。

最後に筆者の企業留学について記載します。私は上司の知り合い（米国の大学教授）を伝手に留学先を見つけました。当然ですが、私自身が面識のない先生に直接連絡をするより、上司の知り合いを通して連絡をした方が対応が良かったのを覚えています。家族で渡米したため、自分だけでなく家族の生活も考える必要があり、大変だった反面良い思い出になりました。また、留学時代には多くの友人に恵まれました。企業留学は、会社対会社ではなく個人対個人で仲良くなれる素晴らしい機会でもあると思います。

以上、企業海外留学と一般的なポスドクの留学との類似点、相違点を紹介させていただきました。企業留学は会社の研究開発の方針に依存しますが、企業に就職しても留学の可能性はあるということをお伝えできていれば幸いです。

大学院留学，ポストバック留学という選択肢

五十嵐 啓（カリフォルニア大学アーバイン校医学部）
安田涼平（マックスプランク フロリダ神経科学研究所）

　2020年に始まったコロナ禍を経て，日本からの海外留学者数は大きく減少してしまいました．日本を離れて海外に留学することを，そもそもリスクと捉えている方も少なくないかもしれません．しかし，幅広い見識と人的ネットワークが求められる研究者にとって，海外経験を積むことは実はメリットの方がはるかに大きいのです（**1章**の座談会記事を参照）．特に，伸びしろの多い大学院生のうちから海外留学をすることは，あなたの可能性を飛躍的に高めてくれます．博士号（Ph.D.）取得をめざした大学院留学への挑戦には準備が必要ですが（**図1**），十分な対策を取れば，皆さんも大学院生のうちから世界レベルの環境に身を置いて自らを鍛錬することができるのです．本章では大学院留学に焦点を当て，その内情と対策を解説します．

1 なぜいま大学院留学を勧めるのか？

　2023年3月のWBC（ワールド・ベースボール・クラシック）決勝戦では侍ジャパンが米国を制し，日本の野球が世界トップレベルであることを示してくれました．大谷翔平選手が「憧れるのをやめましょう」と

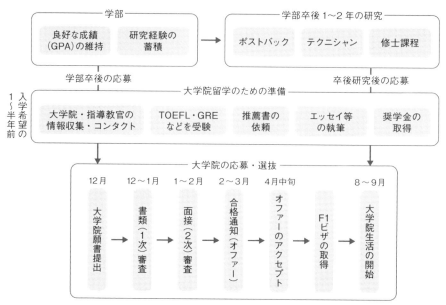

図1 ◆ 海外大学院留学への準備

チームを鼓舞しましたが，試合後にその真意を「僕らは知らず知らずアメリカの野球にかなりリスペクトの気持ちを持っている．そのまなざしが弱気に変わることが多々ある．それを忘れて対等な立場で戦ってほしかった」と語っています．野球をサイエンスに置き換えても同じことが言えるのではないでしょうか．大谷選手が28歳にしてあたかも監督が持ちうるようなリーダーシップを発揮できたのは，23歳で渡米しメジャーリーガーたちの中で切磋琢磨してきたからでしょう．**若いうちから第一線に身を置き，自らを世界レベルで鍛錬する．大学院から海外留学をすることの意義もここにあります．**若くから世界レベルでの研究を経験し，見識を広げ，人脈を構築することができるのです．加えて，海外では大学院生は「学生」ではなく「プロの卵」であると社会的に認知されており，十分な給付金（給与）と福利厚生を受けながら研究することができます．また，英語の上達には若いうちに留学するのが一番です．大学院

から留学した方たちと，ポスドクから留学した方たちを見比べると，英語の能力が圧倒的に違います.

　もう一つ，特に研究の分野に進もうと考えている女子学生さんたちへ.非常に残念なことですが，日本社会にはまだまだ女性に対する「見えないガラスの天井」が存在しています.あなたの大学の教授の何パーセントが女性でしょう? ヨーロッパや米国と比べると，日本では1〜2世代分ほど女性の地位向上が遅れています.状況は何十年もかけて，少しずつ良くなっていくでしょうが，あなたが研究者としてのキャリアをつくっていくのは，今後10年間ほどのことなのです.研究者をめざす女性の方々には，このような状況下で不本意にも自らの力を削がれてしまうよりは，より良い環境で自身の研究能力向上に注力することを切にお勧めします（**6章**も参照）.

2 海外での大学院生活

　海外大学院の具体例を見てみましょう（**図2**）.筆者（五十嵐）の在籍するカリフォルニア大学アーバイン校（UC Irvine）では，博士課程（標準5年，https://inp.uci.edu/）と修士課程（標準2年）は別個のプログラムで，博士号を取るには最初から博士課程を受験する必要があります.5〜7年間の博士課程のうち，最初の1年で講義とローテーション（入室を希望する複数のラボで各2〜3カ月ほど研究し相性を見る）を経験した後，2年目から正式に研究室配属となり，博士論文（thesisあるいはdissertation）執筆に向けた研究が始まります.大学院生は約3,300ドル（約49.5万円）/月の給与と医療保険を受け，キャンパス内の大学が所有するアパート（1-2ベッドルーム）を約1,200ドル（約18万円）/月で借りることができます〔2ベッドルームの相部屋は800ドル（約12万円）/月〕（**図3**）.コロナ禍以降，家賃が急騰したアメリカの都市ではアパートの賃料が2,000ドル（約30万円）/月以上することも多いので，手頃な

63

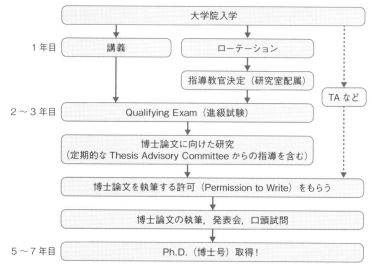

図2 ◆ 米国大学院博士課程の流れ

図3 ◆ 大学院生用寮の例（UC Irvine）

このキャンパス内アパートの例では2LDK（約60㎡）・1,216ドル（約18.2万円）/月で，市価〔およそ2,800ドル（約42万円）/月〕の半額以下で借りることができる．家族を伴って大学院に進学する学生も多いので，家族連れでも十分な広さになっている．UC Irvine Student Housingのウェブサイト（https://housing.uci.edu/grad/）より引用．

価格で借りられる大学寮があるかどうかは今後のアメリカ生活できわめて重要です．博士課程の大学院生の授業料は無料，もしくはPIによる研究費からの支払いになるので，大学院生の金銭的な負担はありません．必須ではありませんが，授業でのTA（Teaching Assistant）を務めることもあります．すべての講義受講後の博士2～3年目ごろに，指導教授と学内外の教授5名ほどからなる委員会によってQualifying Examとよばれる進級試験があり，これを通過できればPh.D. Candidateとなります．その後も指導教授との相性や独断で博士研究が進んでしまわないよう，学位審査委員会による指導が定期的（半年や1年に一度）に行われます．博士課程5～7年目ごろ，十分な業績が揃ったと判断されれば研究発表会を行い，学位審査委員会による最終審査（Dissertation Defense）を通過すれば博士論文を提出し，晴れてPh.D.取得となります．

　一方，筆者（五十嵐）が以前在籍していたノルウェー科学技術大学（NTNU）の博士課程（標準3年）では，日本と同様に修士号取得後の院生が入学します．アメリカよりやや高く十分な給与が与えられるため，アパートを買って暮らしている大学院生がほとんどです．北欧の福利厚生はきわめて充実しており，大学院生の間に出産を経験すると給与の100％が保証された育児休暇を，子ども1人につき夫婦合わせて1年間取得することができます．1年間のうち，夫も最低3カ月の取得が必須で，それ以下の場合は育児休暇が短縮してしまうので，ノルウェーではほとんどの男性が3カ月～半年の育児休暇を取得します．この1年間の給与はPIからではなく社会保険から拠出されるので，出産・育児に対するPIからの無用な圧力が生まれないようになっています．在学中に子どもを2人授かれば生活費の保証された博士課程が2年間延びるので，ノルウェーではこの制度を最大限利用し，大学院生の間に子どもを数人産み育てる研究者夫婦も少なくありません．十分な給料に支えられて結婚し家を買い，夫婦で協力して子育てを行い，幸せそうに博士研究に打ち込むノルウェーの大学院生カップルを見ていると，これこそが大学院のあるべき姿だと思ったものです．ヨーロッパの大学院は，アメリカほど入

学時の競争率が高くありませんので，特に生活と研究の両立を重視する方はぜひ検討してみてはいかがでしょうか．

3 海外大学院に応募するコツ

　海外大学院をめざす場合は，入学希望の1年前ごろまでに，希望する研究室のPIにあらかじめメールを送り，翌年に大学院生として受け入れてもらえる可能性があるかを尋ねてみることが大切です（**図1**）．大学院生を1人雇用するためにPIは，数年間の給与・福利厚生・学費となる資金〔合計約200,000ドル（約3,000万円）〕を用意する必要があります．研究資金に恵まれないPIは，大学院生の受け入れができません．PIは，あなたがこの費用に見合った成果を出してくれるかどうかという視点であなたの将来性を判断するため，受験者側もそれなりの準備が必要です．

　欧米の大学院入試には大きく分けて，**PIから直接オファーをもらうDirect Admit**と，**大学院プログラムからオファーをもらうProgram Admit**の二つの入試制度があり，大学・研究機関によってさまざまなバリエーションが存在します．あなたを気に入ったPIが「この人が欲しい」と大学院に希望を出すことで合格となるのがDirect Admitです．Program Admitの場合は事前に直接PIに連絡を取ることは必須ではありませんが，教員が入試委員会（Admissions Committee）に掛けあって合格を後押ししてくれる場合が多いので，いずれの場合も留学希望先のPIから魅力的な出願者であると思ってもらえることが大切です．プログラムに出願する場合は，ウェブサイトで記されたProgram Directorの教員やProgram Administratorという事務職員にメールを送り，出願に必要な条件，合格率，審査基準に関する情報を積極的に集めましょう．多くのプログラムが外国人枠をあらかじめ設定していますが，プログラムごとに外国人の合格しやすさが異なるので，同じ分野で大学院受験を経験した先輩や海外にいる日本人PIらから情報を集めることは特に有用

です（Column 3-1参照）.

　毎年12月ごろに締め切られる大学院出願では，①これまでの研究経験，②約3通の推薦状，③TOEFL・GREなどの試験のスコア，④学部での成績（4.00を満点とするGPAに変換される），⑤大学院進学の動機などを記したエッセイ，などを提出する必要があります．近年ではGREのスコアを必要としない大学院が増えてきました．ただ日本からの出願の場合，日本の大学での成績の判定が難しいこともあるので，GREでハイスコアを取れれば有利です．英語試験であるTOEFLは，希望する大学院の必須点数をあらかじめ調べ（UC Irvineでは80点が必要），早めに対策することが大切です．

　大学院は，まず12〜1月に上記5点を用いて書類審査を行い，1〜3月に二次審査の面接（インタビュー）を旅費支給で行います．インタビューでは，数十人の候補者が招待され，約2日間でプログラムの説明，学寮の見学，3〜5名ほどの教員との1：1の面接を受けます．あなたの興味のある教員を面接官として希望できますので，ラボを実際に見て，ラボメンバーと話し，携わることのできそうなプロジェクトを知ることができます．また，在籍する院生からプログラムや各PIについての本音話を聞くことのできる絶好の機会となります．インタビューを通過した候補者に合格（オファー）が出され，複数の大学院からの合格をもらった場合は4月中旬までに進学先を決める必要があります．

　インタビューについては，候補者がすでに米国内にいる場合は対面で行いますが，費用の観点から海外からの候補者の面接はZoomやSkypeなどのオンラインツールで行われることが一般的です．しかし，オンラインでは得られる情報が格段に減ってしまうので，自費負担で参加が可能な場合は，対面で参加することをお勧めします．全員にオンラインで面接を行い，合格者を実地招待するプログラムもあります．

　一次審査となる書類審査を通過するために最重要視されるのは，①「これまでの研究経験」と②「推薦状」です．アメリカでは大学院進学希望者の多くが，学部の早い段階から研究室に出入りして研究に携わったり，

学部卒業後に1〜2年ほど有給のテクニシャン（技術補佐員）として働きながら研究経験を積んだ後，大学院に出願します．テクニシャンを経る場合，この間に基礎レベルの実験技術・知識を身につけ，ラボのPIに強い推薦状を書いてもらうことができます．その結果，大学院入試でオファーをもらう学生の多くは，すでに自分の名前が入った論文を持ち（筆頭著者である必要はありません），米国の学会でポスター発表などを経験し，米国で名前の知られているPIからの推薦状を後ろ盾にしているという状況です．有名大学の大学院入試での，競争率が数十倍から百倍以上にもなる狭き門をくぐるには，充実した研究経験と強力な推薦状を携えて入試に挑むことがきわめて重要です．なお，米国では年齢に基づく差別が禁じられているので，出願者・入学者の年齢はさまざまで，多様なキャリアや目標を持った人材が集まります（Column 3-2 参照）．

　日本で学部を出たばかりでは，研究経験も限られており，アメリカで名前の知られているPIからの推薦状を持つことは難しいかもしれません．解決策は，学部卒業後に以下のような方法で数年の研究経験を積むことです：

❶修士課程まで進み，筆頭もしくは共著論文を出したあと留学する．この方法で米国大学院に入学した方を何人か見ました．

❷学士号取得後にアメリカにまず渡航し，テクニシャンとして働いたり，ポストバックプログラムに入って経験を積む．これについては次項で詳しく論じます．

　さらに，出願者としての能力・価値を高めるために学部学生のうちにできることとして，以下の方法があります：

❸夏休みなどを使ってアメリカで名の通ったPIのもとに数カ月短期留学し，実験の手伝いをさせてもらう．大学や研究所のルールにもよりますが，一般に自費留学なら大抵のPIは受け入れてくれますし，ホームステイなどを活用することで費用を抑えることもできます．この方法で名の通ったPIと知り合いになったうえで推薦状をもらい，大学院留学を成功させた方を何人か見てきました．

❹日本の財団などの留学用奨学金に応募し，取得する（**表**）．上記の通り，PI

表 ◆ 日本で取得できる海外大学院用の給付型奨学金の例

団体名	支給金額	支給期間	募集人数	応募締切	結果通知
日本学生支援機構（給付型）	月額〜356,000円および 授業料：年額250万円まで	3年	約100名	10月上旬	3月上旬
中島記念国際交流財団	月額20万円 および往復旅費 授業料：年額300万円まで（当初2年間に限り）	5年	約10名	8月	12月
本庄国際奨学財団	①月額2,500ドル（約37.5万円）を1〜2年間 ②月額2,250ドル（約33.8万円）を3年間 ③月額1,875ドル（約28.1万円）を4〜5年間		3〜5名	4月末	7月末
伊藤国際教育交流財団	月額〜2,000ドル（約30万円） 授業料：年額300万円まで 往復旅費：実費	2年	約10名	8月末	12月中旬
吉田育英会	月額2,500ドル（約37.5万円），往復旅費 授業料または研究費：奨学期間内に合計250万円まで	3年以内	5名	9月上旬	11月上旬

以下のホームページで検索することができる：
https://www.uja info.org/funding-search
https://xplane.jp/fellowships-list/

はあなたのコストとパフォーマンスのバランスを見極めようとします．奨学金を自分で持ち込み，自分にかかるコストを抑えることができれば大学院合格の可能性はきわめて高くなります．給与全額でなくても，一部をカバーする奨学金であれば十分です．多くの奨学金は入学希望の1年以上前，少なくとも半年ほど前までに応募を完了しておく必要がありますので，事前の準備が必要です．

4 学部卒業後にポストバック研究生・テクニシャン職に応募するには

　学部卒業後にアメリカに渡航し，大学院受験前の経験を積みたい場合はどうしたらよいでしょうか．その方法は主に二つあります．

　ポストバックプログラムは，学部を卒業して学士号（bachelor's degree）を取得した人が，給料をもらいながら修行を積み，経験や業績を増やすことによって，大学院の博士課程に進学しやすくするために設計されたプログラムです．また，自分が研究者に向いているかどうかを自己判断するための「お試し期間」という意味合いもあります．米国のほとんどのポストバックプログラムはアメリカ国籍や永住権を持つ人限定なので注意が必要ですが，**筆者（安田）の在籍するマックスプランク フロリダ研究所（Max Planck Florida Institute for Neuroscience：MPFI）では，J-1 ビザを支給することで全世界から応募者を募集しています**．実際，ほとんどの研究生が外国人で，もちろん日本からの応募も大歓迎です．MPFIのポストバックプログラム[1]の特徴としては，

❶最先端の研究設備を使った，非常にレベルの高い研究をすることができます．過去のポストバック研究生のほとんどは論文を出しています．

❷キャリアサポート：大学院だけでなく，企業への就職など幅広い視野でキャリア形成をサポートします．

❸大学院進学のアドバイス：進学に必要な業績の積み方や，面接の練習など，ラボの経験だけではなく，大学院進学に関する実践的なアドバイスを大学教官や専門家から直接受けられます．

❹ラボスキル取得のための「ブートキャンプ」を通して，研究室に配属される前に基本的な技術・知識・思考力などを身につけることができます．

❺給料は2024年現在約3,700ドル（約55.5万円）/月で，各種保険もきちんとつきます．また，旅費と引っ越しのサポート〔10,000ドル（約150万円）まで〕もあります．

といった点が挙げられます．

---

[1]　https://mpfi.org/training/postbacs/

このようにポストバックプログラムは学士を取得した人を対象に，さまざまな実験テクニックを身につけさせ，研究や発表の実践経験を積ませ，大学院や企業への就職を積極的に応援するしくみになっています（Column 3-3参照）．特に将来的に米国で研究職に就きたいと考えている人には，大きな糧となります．

二つ目の方法は，在米のPIからJ-1ビザ取得を援助してもらい，米国人の学生と同様に**テクニシャン（research assistant/associate）として1～2年働く**ことです．UC Irvineの場合，テクニシャンの給与は約4,500ドル（約67.5万円）/月で健康保険等も支給されます．J-1ビザはPIのサポートがあれば，数カ月ほどで比較的簡単に取ることができるので，興味のある研究者にアプローチすることをお勧めします．また，在学中に日本のPIの紹介で海外のラボで研究をする機会を模索するなどの方法で，海外の研究者とのつながりを見出すことも可能です（Column 3-4参照）ので，さまざまな方法を積極的に検討し，海外大学院合格，学位取得をめざしていただければと思います．

5 おわりに

大学院生にとって，アメリカは天国です．十分な生活費が支給され，広々としたきれいなアパートや寮で暮らし，世界レベルの研究を進めながら，国際的な人脈をつくることができます．研究レベルの高い大学院で博士号が取得できれば，ポスドクの先は選り取り見取りですし，米国大学院の博士号を持っていることがその後の教員採用などでも有利です．アカデミアや研究関連企業の職数は日本よりはるかに多いので，将来を不安視する必要はありません．民間就職でも，博士号は修士・学士号よりも重宝されるので，Ph.D.を持っていることが雇用やキャリアにはきわめて有利に働きます．将来アメリカでPIになることができれば，Assistant Professorレベルでも120,000ドル（約1,800万円）/年ほどの給料が

もらえ，NIHのR01グラント（直接経費約2億円/5年，更新可能）を取得・運用して科学の中心に身を置き，自分の研究を好きなだけ進めることが可能です．講義・事務仕事・会議もそれほど多くはなく，自分の時間の80％程度を研究に充てることができることも米国アカデミア職の魅力です．

　海外での経験は，間違いなくあなたをより良い研究者に育ててくれるはずです．大学院・ポストバック研究生・テクニシャンとして博士号取得を目的とした米国留学をしたいと考えている学生さんは本章を参考に，ぜひ足を踏み出してください．

著者プロフィール

五十嵐 啓
カリフォルニア大学アーバイン校（UCI）総長特別准教授．2007年，東京大学大学院医学系研究科修了，博士（医学）．'09年よりノルウェー科学技術大学カヴリ統合神経科学研究所Edvard & May-Britt Moser研究室にてポスドク，その後助教．'16年より現所属Assistant Professorとして独立，'22年より現職．専門は神経科学，記憶の回路メカニズムとアルツハイマー病の研究を行っている．X：@kei_m_igarashi．http://www.igarashilab.org

安田涼平
マックスプランク フロリダ神経科学研究所Director．慶應義塾大学大学院理工学研究科にてATP合成酵素が分子モーターであることを証明し，博士（理学）を取得．その後コールドスプリングハーバー研究所にてポスドク，以来分野を生物物理から神経科学に移す．2005年，デューク大学にてAssistant Professorとして独立．'12年より現職．シナプスの可塑性，学習・記憶のメカニズムの解明に向け，分子基盤の研究や新たなセンサー，光操作技術の開発に取り組む．
https://mpfi.org/science/our-labs/yasuda-lab/

3章 大学院留学，ポストバック留学という選択肢

Column 3-1

人とのつながりも一つの合格要因

増谷涼香（ミネソタ大学生物科学部）

　私の海外大学院への受験活動は，前々から念入りに準備したというよりは，直前の思い切った方向転換から進んだものでした．それにもかかわらず，有り難くも合格することができたのは，いろんな方とのご縁のおかげだと思います．

海外大学院受験を決心するまで

　修士1年の秋，私は国内で就職活動をしていて，海外大学院入試という選択肢は考えていませんでした．就活生なら誰しも行うだろう自己分析の一環として，人事採用のインターンシップをしていた先輩に相談した際，「涼香は，海外の人に認められると嬉しいっていう価値観を持っているんだね」という言葉をもらいました．当時所属していた研究室では海外の人との交流の機会に恵まれていて，そこでの経験が心に残っていたことに，先輩が気づかせてくれたのです．これが自分のやりたいことの軸となり，選択肢に挙がったのが，海外大学院への進学でした．

　まず行ったのは，情報収集です．幸運なことに，当時所属していた研究室に，アメリカで9年間ポスドクをしていた方がいました．その先生にご相談させていただき，アメリカやカナダで働くPIの方を10名近くご紹介いただきました．その段階では，その研究室で研究したいというような面接の申し込みではなく，海外大学院に通うというのはどのようなことなのか，より具体的にイメージするためにお話をお伺いしたいという目的でオンラインミーティングをお願いしました．（ちなみに，その際にご紹介いただいたうちの一人が，本書の編者である山本慎也先生です）

　皆さんとても前向きに相談を受けてくださり，海外で生活するには，学部のカリキュラムはどのようなものなのか，受験プロセスなど，多岐にわたる質問に一つひとつ丁寧に答えてくださいました．それだけでなく，海外で勉強されている留学生を紹介してくださる方もいて，先生目線だけでなく学生目線のお話を伺う機会にも恵まれました．これらのミーティングを経て，修士1年の終わり，3月末ごろ私は進路を就職から海外大学院進学へ完全

73

に切り替えました.

実際の受験準備

　カリキュラムに魅力を感じたミネソタ大学を含めて数校に応募したのですが，書類応募期間は修士2年の12〜1月だったので，それまでは奨学金申請と英語の試験に注力しました．どの大学も英語の試験の点数での足切りがあったため，この時期はかなり苦しんだ覚えがあります．TOEFLとIELTSとDuolingoの3種類に取り組み，何度も受験して，ようやくIELTSで十分な点数を取りました．奨学金に関してはいくつか応募したのですが，残念ながら獲得することはできませんでした．奨学金を獲得すると合格に有利になる場面があると聞きますが，なかったとしても大学院に合格できないというわけではなかったです.

　受験書類に必要なのは，3人の先生からの推薦状と，自分のこれまでの経歴を書いたCV，研究経験と今後の目標を示したPersonal Statement，そして自分の個性と周囲への貢献経験などを書いたDiversity Statement（**6章**も参照）でした．推薦状は，当時のラボの先生2人と学部時代の授業でお世話になっていた先生にお願いしました．なかなかこの進路を選ぶ学生は多くないので，大学院入試向けの推薦状を書くのは初めての経験と仰っていた方もいましたが，それでも複数の大学に向けて書いていただき，とても有り難かったです．私の受験時期はちょうどCOVID-19の流行と重なり，米国内の受験者のインタビュー等もすべてオンラインで行われました．面接は予想よりも穏やかな雰囲気で，自分の研究や出願書類に関する質疑応答を比較的リラックスして行うことができました.

一人で悩まずに行動しよう

　こうした過程を経て合格通知をいただき，今に至るわけですが，改めてたくさんの人とのご縁で受かったとしか思えません．最初の海外PIの方とのお話の際に印象的だったのは，皆さんとても好意的だったことです．国内の著名な先生方からは「海外大学院留学なんて難しいんじゃないの……？」といった否定的な言葉をもらうこともあったのですが，海外のPIの方からはむしろ歓迎の言葉をもらってびっくりしました．就職・受験活動をしていた頃，海外への憧れを持っている学生は多いものの，その多くが試す前からハードルの高さを感じて，どうせ無理だろうと諦めている印象を受けました．私が行動に移せたのは自分がどうしてもやりたいことだったというのもありますが，ハードルが高いだろうと思わざるを得なかったその目標が実は実現可能なものであり，どのようにすればそれを達成できるかを具体的に懇切丁寧に教えてくださる方々に出会えたことが大きな一因だったと思います．そこで得たコネクションが合格への最後の一押しをしてくれる場合も大いにあります．このコラムを読む方に，一人で悩んで諦める前に，とりあえず勇気を持って海外にゆかりのある方に相談することで人生が変わることもあるという一例をお伝えできれば幸いです.

研究留学実践ガイド

3章　大学院留学，ポストバック留学という選択肢

Column 3-2

Ph.D. いつ始めても遅くない!

大山友子（マギル大学理学部生物学科）

It is never too late to become what you might have been.　George Eliot

　大抵の人は，Ph.D.を取るために大学院で勉強を始めるのは20代だと思いますが，30代でも，遅くありません！私がアメリカにて大学院博士課程を始めたのは37歳，Ph.D.を取れたのが41歳のことでした！その後ポスドクを経て，現在は，カナダのモントリオールにあるマギル大学でラボを運営し，研究・教育をしています．ここでは，私の経験から，「少しくらい遅く始めてもなんとかなるよ！」とのエールを込めて，遅く始めることのメリットとデメリットをご紹介します．

遅く始めて良かった点

①研究経験が豊富．大学院博士課程を始めたのは遅かったのですが，それまでにもサイエンスにかかわる仕事（修士課程は日本で，その後会社の研究所で研究員を務め，その後，アメリカのラボにてテクニシャン職を経験）をしてきたので，とても実験に関する経験が豊かな状態で，博士課程を始めることができました．この経験は，若い学生と比べるととても強みになります．特にそれまでに体験したいくつもの失敗は本当に大きな財産になりました．さらに，これまでのキャリアは大学院の書類選考や面接でも，強力な武器になったと思います．目立つようなユニークな経歴は，少なくともアメリカでは，嫌われるよりも良いことの方が多いと思います．

②米国のアカデミアでは学位を取った時点でタイマーがスタートする（1章・5章を参照）ので，歳を取っているからといって，その後のフェローシップやグラントのアプリケーションなどには影響はありません．また，少なくとも米国ではポスドクやPIになったときのグラントやフェローシップへの応募に，年齢を基準とする制限はほとんどなく，いわゆる「若手向け」の研究支援も学位を取ってから何年という制限のみが設けられている場合がほとんどです．というわけで，研究資金への応募には不自由を

75

感じませんでした．しかしながら，仕事探しの際，日本のフェローシップに応募しようと調べたことがあるのですが，年齢制限のため出すことができませんでした．

③年の功．やはり，若いときと比べると，研究に集中できたのかなぁと思います．若さの強さもありますが，年の功もあるのではないかな．

④家族は，精神的に頼りになる！　大学の勉強・研究ではストレスもありましたが，夫や子どものサポートは助かりました．週末に一緒にラボに来た息子が，研究室のボスの部屋でビデオを見ていたのをいまだに覚えています！　ボスのサポートにも感謝です．

遅く始めることのデメリット

一方でやはり，遅く始めるのはいいことばかりではなく，早く始めておけば良かったと思うことも多々あります．

①英語に苦労する．語学を始めるのはやはり早いに越したことはないと思います．もう少し若いときにアメリカに来ておけば，もっと英語ができるようになったのではと思います．私は，特に英語が苦手だったので，授業はすべてレコーディングし何度も聞き直して，勉強しました．プレゼンテーションは，何十回と練習し，時間をかけ準備しました．それでもやはり，なかなか英語は思うように上達していませんが，ラボの運営や講義をこなすことに支障はありません．

②先が短い！　若いときにPh.D.を取っていれば，それだけ早く仕事も取れるので，遅く始めると仕事を取った後が短いかな，と感じます．40歳後半でラボを始めて，気づけば，あと何年働けるんだろう？と考えてしまいます．ただテニュアを取ってしまえば，北米の大学の多くは定年に関するはっきりとした規定がないようなので，グラントを獲得できる限りは，随分長く研究生活を送れるのかもしれません．

最後に，人生は人それぞれですので，みんながみんな同じときにPh.D.を始めることはできないと思います．もし，歳を取っているから博士課程を始めるのは遅すぎるかも，と躊躇している方がいらっしゃれば，アメリカもしくは海外で始めてみるのはいかがでしょう？　いろいろなバックグラウンドを持つ学生さんに混じって研究生活をするのは楽しく，歳を取っていることを忘れさせてくれます．

3章 大学院留学，ポストバック留学という選択肢

Column 3-3

米国でのギャップイヤーが秘める可能性

藤島悠貴（ニューヨーク大学神経科学 Ph.D. プログラム）

　私は日本で医学部を修了した後，米国ニューヨーク大学（New York University：NYU）でのResearch Associate（RA）職を経験し，現在は同大学のNeuroscience Ph.D. プログラムに所属しています．日本ではまだ馴染みのないキャリアパスかもしれませんが，米国での研究をめざしたい方の参考になることを期待しながらこれまでの経緯をご紹介できればと思います．

　私は日本の学部6年生時に米国Ph.D.プログラムへの進学を希望し10校ほど出願しましたが，二次選考である面接への招待すらありませんでした．学部時代に，医学部精神科で数年間，米国で1年間の研究経験がありましたが論文出版実績はなく，また，経験を積んだ認知科学系の研究と志したシステム神経科学系の研究の間にギャップも存在したため，経験不足とされたのかもしれません．2021年3月に卒業後，研究に取り組めるチャンスを探し，友人の紹介で知ったRAを募集している研究機関[※1]への応募を行いました．その結果，NYUのMichael Long教授の研究室に同年9月よりRAとして雇用してもらえることになりました．約1年後の2022年秋口より再度，神経科学系のPh.D. プログラム12校に応募し，今回はコロンビア大学，プリンストン大学，NYU等の複数の素晴らしいプログラムからオファーをいただくことができました．進学先の選択には悩みましたが，主に取り組みたい研究の方向性とプログラムとの親和性からNYUに決め，2023年9月より同Ph.D. プログラムに所属しています．

RAで掴んだPh.D.への切符

　2021年にRAとしてNYUに加入した当初は右も左もわからず，目の前のチャンスには何でも飛びついて一から学ぼうという意気込みでした．Long研究室は，さまざまな動物の音声コミュニケーションに重要な神経回路機構の解明をめざして研究を行っています．前任

※1 https://med.nyu.edu/departments-institutes/neuroscience/education/research-associates-program

者が独立した後に手つかずであった，歌うネズミ（singing mouse）の研究に取り組みました．1〜2カ月すると，学部時代のコーディングや趣味の音楽収録の経験が功を奏してか，行動実験系が立ち上がり興味深い現象が観察され始めました．自ら手を動かし歌うネズミと戯れるうちに，哺乳類の脳内メカニズムを種独自の行動に焦点を当てて研究するユニークな立ち位置を認識し，プロジェクトにのめり込んでいきました．

　自分にとって，RAとして過ごした2年間の経験はPh.D.プログラムのオファー獲得に大きく寄与したと思います．具体的には，①知名度の高いPIから強い推薦状をもらえた，②周囲のPh.D.生やPIがエッセイ添削や面接練習をしてくれた，③Society for Neuroscience（SfN）やGordon Research Conference（GRC）などの学会に参加して興味があるPIと直接話すことができた，④すでに米国にいるため現地での面接に招待されやすかった，などのメリットがあったと実感しています．早くから研究者を志し十分な実績がある場合，学部卒業後に直接Ph.D.プログラムへ進学をするに越したことはないと思います．一方で，研究の世界に出会うのが遅く，学部在学中に十分な研究経験を積めなかった場合でも，現地での数年間の研究生活の先に素晴らしい環境を有した大学院へ進学する道が開けると思います．また，音楽好きの私にはニューヨークでの生活は楽しく充実したものでした．雇用された立場で研究をしながら新たな国や街に住む経験ができるのは，研究者としてのキャリア，私生活両方の面から素晴らしい機会です．周りを見ても，近年の神経科学系のPh.D.プログラムでは学部卒業後に直接入学した人は全体の3割程度で，多くの人はさらに研究経験や職務経験を積んだ後に進学している印象です．“ギャップイヤー”の間に研究経験や業績を積んで，自身の望む大学・ラボへの進学をめざすのも選択肢の一つではないでしょうか．

Ph.D.生1年目の取り組み

　Ph.D.生となり半年ほどが過ぎましたが，期待以上に充実した日々を送っています．初年度は授業で神経生物学や解剖学，数学，グラントライティング等を学びながら，2〜3つの研究室に数カ月ずつ在籍し研究も遂行します（ローテーション）．自分は最初に理論系の研究室（Dr. Alex Williams lab）でデータ解析手法の開発プロジェクトに取り組み，2024年2月からは実験系の研究室（Dr. György Buzsáki lab）に所属しています．Buzsáki先生からは1年前に進学先を決めかねている最中に，将来的なプロジェクトの案を提案していただく機会があり，現在はそのプロジェクトに取り組んでいます．個人的にとても楽しみにしていた研究テーマであり，今後の展開を楽しみにしています．

　米国のPh.D.プログラムの特徴として，大学のコミュニティ全体を通じて優秀な科学者を育成しようという風土を感じます．十数人の同期には，生物系と数理系のバックグラウンドを持つ人が半分ずつ在籍しているのですが，授業の中では生物系も数理系も基礎から叩き込まれますし，ジャーナルクラブ形式の授業では幅広い分野の論文を読みながら議論を行います．また，これらの授業を通してさ

まざまな教員と密にかかわる機会があるので，2年目以降に所属研究室を決めて本格的に自らの研究に取り組む際や，その後のキャリア選択について気軽に相談できる関係性が築かれます．1年目に広範な基礎を学び，自分の研究興味を探求する期間が与えられていることは，大学院がPh.D.生を単なる労働力としてではなく，研究者の卵（Trainee）として見ている証拠でもあると思います．

医学部に在籍していた際は，「やる気だけはあるが，どこに注力したら良いかわからない」というモヤモヤを抱え，暗中模索をくり返していました．自らの興味がそそられる科学的課題に没頭することのできる現在のPh.D.プログラムにおける生活は幸せなものです．これまでのキャリアを支えてくださった方々に感謝しながら，まずは研究者として一旗揚げるべく目の前の研究課題に取り組みたいと思います．

以上，N＝1の体験談ではありますが[※2]，米国のPh.D.プログラムへの進学やその前段階のキャリアの多様性について，実際の雰囲気を少しでもお伝えすることができたなら嬉しい限りです．

※2　詳細なPh.D.プログラム応募体験記は以下を参照してください：https://yukifujishima.com/blog/2023/04/13/phd-application-ja

Column 3-4

学部生でもしよう研究留学

古田能農（ベイラー医科大学神経科学部，記憶・脳研究センター）

　私は米国ベイラー医科大学で現在博士課程に在籍して5年目となります．このコラムでは私がどのようにして当大学に合格するに至ったのか，その過程と大事だと思ったことをまとめてみようと思います．

学部生での研究留学

　私の大学院留学に欠かせない最初のステップは，日本の大学生時代に経験した研究留学でした．当時私は6年制薬学部の5年生で，海外生活に対する憧れがあり，学部生の間に何かできないかと模索していました．そこですでに研究室に所属していたということもあり，当時の指導教官に勧められて学部在学中の研究留学を考えるようになりました．

　一般に研究留学において不可欠なものは2つあり，①資金調達と②留学先の研究室を見つけることです．①の資金調達ですが，研究留学をする際は資金面のスポンサーを見つけなければなりません．ポスドクで研究留学するような人は留学先の研究室がスポンサーになることが多いのですが，まだ研究経験も少なく長期滞在も難しい学部生にとってこれは現実的な選択肢ではありません．したがって日本の財団等から現地での生活に必要な奨学金を得る必要が出てきます．②に関しては，インターネットなどで自ら研究室を探し，手当たりしだいメールを出してみるのも一つですが，業績や経験も少ない学部生では門前払いを食らうことの方が多いかと思います．したがって可能なら日本で所属している研究室の人脈を使って探すのが一番スムーズです．私の場合まずは文部科学省の「トビタテ！留学JAPAN」[※1]という日本の大学生もアプライできる奨学金を申請・獲得し，留学先は当時の指導教官が共同研究していたベイラー医科大学のZheng Zhou教授にコンタクトを取り，受け入れ許可を得ることができました．このようにして私は学部生として海外進出の足がかりを得ることができ，これは後述する，大

※1　https://tobitate-mext.jasso.go.jp/univ/

80　研究留学実践ガイド

学院合格に重要になる「コネ」の獲得につながることになりました．

研究留学で得るコネ

2017年10月から1年間日本の大学を休学し，Zhou教授の指導の下，線虫を用いた細胞死のメカニズムに関する研究を行う中で，しだいに海外で博士号を取得し，研究者としての道を歩みたいという思いが強くなっていきました．米国の大学院の入試制度に関する知識もこの学部留学を通じて得ることができ，研究留学後は日本の大学の卒業準備や薬剤師国家試験の対策をしながら大学院留学の試験対策や書類準備に没頭しました．大学院の入学選考にあたり，大学側からすると日本から来た無名の人間を採用するのはなかなかにリスキーです．しかし仮に，留学先大学の教授があなたをよく知っていて高く評価していたら合格する可能性が大きく高まります．日本にいながらも学会やセミナー等で来日した研究者などを通してこうした「コネ」をつくることは可能ですが，海外の研究室で仕事をすることで得られるコネに勝るものはないかと思います．ただ学部時代の研究留学を単にコネの獲得の手段と捉えると本末転倒になりかねませんし，それが態度に出てしまうと留学先の先生からの評価は逆に大きく下がってしまう可能性があるので注意が必要です．日本ではコネというと能力以外のところでつくられてしまう印象がありますが，海外では研究者の技能や経験をしっかりと評価されたうえ

でつくられる傾向にあり，留学後もしっかりと研究者としての能力をアピールしていく必要があります．私は研究留学しているときは，土日もほぼ休まず1年間必死に仕事をし，最終的には学部留学で得られたデータをもとに3本の筆頭著者論文[2～4]（掲載されたのは学部留学終了後）を執筆することができました．現在所属するベイラー医科大学の大学院プログラムに合格できたのは指導教官のZhou教授に書いていただいた強い推薦書が大きな力となったと思いますし，未発表の研究内容が評価されたことも大きかったと思います．実は私はこの他にも14校もの大学院にアプライしたのですが，上記の論文がまだアクセプトされていなかったこともあり，最終的に受かったのはコネのあるベイラー医科大学だけでした（笑）．しかし，このことも海外でコネをつくることの重要性を裏づけているのではないかと思います．

以上，簡潔ですが私の大学院合格体験になります．実際の大学院合格に至るプロセスは人それぞれだと思いますが，参考になれば幸いです．しかしどのような道をたどっても，（私の指導教官がよく言うのですが）「チャンスに準備ができている人間が目標をかなえられる」ものだと思います．大学院合格が目標なら，そのチャンスを生かすためにも，例えば学部時代から英語を勉強したり研究留学をしたりなど，早め早めに積極的に動くことが大事なのではないかと思います．

※2　https://pubmed.ncbi.nlm.nih.gov/33571185/
※3　https://pubmed.ncbi.nlm.nih.gov/37091984/
※4　https://pubmed.ncbi.nlm.nih.gov/34761061/

4章

留学前後・ラボでの
立ち居振る舞い

山本慎也（ベイラー医科大学分子人類遺伝学部，テキサス小児病院ダンカン神経学研究所）

> 「留学希望先のラボのPIから内定をもらった！」これまでの苦労が報われ，将来への希望があふれる瞬間であると同時に，これは新たなチャレンジの開始を意味しています．留学から最大の成果を得るためには渡航前の十分な準備が肝要であり，新たなラボでのスムーズな研究生活の開始には渡航直後から新環境に適応するための心構えと努力が重要です．本章では渡航前後ですべきことや留学中に心がけるべきこと，トラブルに巻き込まれた場合の対処法（図）を先達の体験談を織り交ぜつつ紹介していきます．

1 渡航前にすべきこと

◆ 古巣での仕事を仕上げ，引き継ぎなどをスムーズにする

留学先確定後，すみやかに現在の研究室のPIにその旨を報告し，現在行っている研究プロジェクトの今後の展望や，渡航までのスケジュールを綿密に話し合いましょう．論文の執筆・投稿の段取りや役割分担の確認はもちろん，自分しか行っていない実験手法のラボメンバーへの継承やサンプル・データの引き継ぎ，そして論文投稿後に追加のリバイス実験などが必要になった場合は誰に担当してもらえるのかといったことを

82　　研究留学実践ガイド

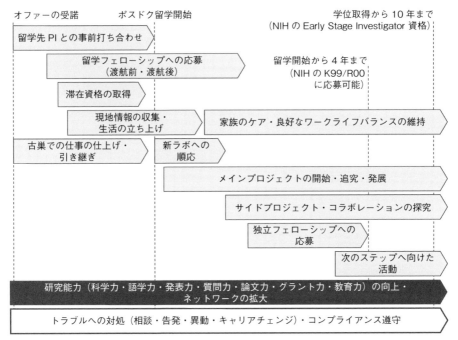

図 ◆ ポスドク留学開始前後にすべきこと，考えるべきこと
将来的に米国でPIとして独立することを希望する場合は，NIHのK99/R00に応募可能な期間（留学開始時から4年）やEarly Stage Investigatorとして扱われる期間（学位取得時から10年）といった年限（期間延長措置もあることに注意）を意識しながら研究留学生活を送る必要があります．

明確にしておくこと等，なるべくスムーズな移行を心がけましょう．留学先のラボのPIによっては，留学後に古巣のプロジェクトを論文化するための作業を継続することに寛容な人もいますが，日本のラボで行っていた仕事は早いうちに切り上げるように心がけ，留学先のプロジェクトに全力を尽くせるようにしましょう．なお，日本で助教等の肩書で科研費を受給して研究を行っている場合，海外渡航によって研究を断念することがないよう，援助を柔軟に中断・再開できる制度が2019年度から導入されていることも知っておきましょう[※1]．

※1　日本学術振興会のウェブサイト（https://www.jsps.go.jp/file/storage/grants/j-grantsinaid/06_jsps_info/g_190311/data/betten1.pdf）を参照．

◆ 留学先のPIとのプロジェクトの打ち合わせ

留学先のPIの中には本人の興味や経験に応じて比較的自由にプロジェクトを選ばせてくれる人がいる一方，グラント等の関係でプロジェクトがある程度決まっていて，渡航後すぐにやるべき実験があらかじめ決められているパターンもあります．一般的に大規模で資金に余裕のあるシニアなPIが運営するラボは前者の傾向が強く，若手主導のラボは後者の傾向が強いように感じます．無論，これはPIの個性や性格にも大きく左右されるため，**オファーをアクセプトする前にラボの運営方針をしっかりと把握しておきましょう**．例えば，プロジェクトの自由度がある程度高い場合は，留学前にPI以外のラボメンバーに積極的に連絡を取ってみると，現在どのようなプロジェクトが動いていて，今後どのような方向に向かっているのかを把握することができ，留学後に研究室の強みと自分の興味や経験に合ったプロジェクトをすみやかに提案することができるでしょう．一方，プロジェクトがある程度決まっているような場合は留学前からそれをPIとの会話やメールを通じて理解しておくと，事前に関連文献を通読しておくことで留学後すぐにラボの即戦力になれるよう，準備をし始めることもできます．

◆ フェローシップへの応募

2章で述べた通り，PIの中には研究資金が潤沢なのでフェローシップ（助成金・奨学金）への応募は必要ないという人，研究資金はあるが応募できるフェローシップがあるのであれば積極的に応募してほしいという人，また，フェローシップが取れた場合のみ留学を許可するという人などがいます．日本の公的機関や財団がスポンサーとなるフェローシップへの応募条件・支援内容・締切時期はさまざまであり（**2章 表**を参照），国内からのみ応募できるものや，渡航後にも応募できるものなど，多種多様です．年齢制限や学位取得後の年数で応募者を限定しているものも多いので，注意が必要です．また，応募条件（国籍や永住権を持っている人限定の公募など）に細心の注意を払う必要がありますが，分野によっ

ては海外の公的機関や財団がスポンサーになっているフェローシップが充実している場合もあります．また，国内外を問わず**フェローシップへの応募の際にはPIからの受諾書や，留学先でのプロジェクトの概要を求められることが多いので，PIとよく相談したうえで渡航前後に挑戦するフェローシップを見つけましょう**．また，応募準備を通じ，PIとの良好な関係を渡航前から構築し始めることができたといった話も聞きますし，研究計画をしっかりと文書化することでプロジェクトの道筋がより明確になるメリットもあります．また，留学先のラボの研究資金が潤沢である場合でも，競合的なフェローシップを獲得した経験は自らの経歴に大きなプラスとみなされますので，資金面以外にもいろいろなメリットがあります．一方，留学前に応募書類を書き上げることへの労力が大きすぎると古巣での仕事の仕上げに悪影響を与えますし，もしもPIが非協力的であった場合はあまりいい選択肢とはいえません．さまざまな要素を考慮し，自らの留学プランや留学先の研究室に適した道を選びましょう．

◆ ビザ等の取得

　PIからのオファーを正式に受諾した後，研究の話を進めるのと並行して，留学プランに最適な滞在資格を取得することが必要です．例えば，米国にポスドクやスタッフサイエンティストとして渡航する場合は留学先の大学や研究機関がスポンサーとなってJ-1という交流訪問者用のビザ（査証）を申請する場合が多く，学位取得のための大学院留学に際してはF-1という学生ビザを申請することが一般的です．また，場合によってはH-1Bといった就労ビザを利用する場合もありますし，扶養家族を帯同する場合はJ-2，F-2，H-4といった帯同者ビザも同時に申請する必要があります．ビザの申請に必要な書類や手続きのためにはPI以外にも受け入れ先のInternational Service Office（ISO）などとよばれる専門部署のスタッフと綿密に連絡を取る必要があり，場合によっては十分な語学力を有していることを示すため，ISOのスタッフとオンラインでの面談が行われることもあるようです．必要な書類を留学先から郵送してもらっ

たら，多くの場合，日本国内にある大使館や総領事館などでの面接の予約を行う必要があります※2. また，国によってはビザ発給までに特定の予防接種を義務として求められたり，留学先機関から過去のワクチン接種記録を提出するよう求められることがあるので，早めに接種の予定を組んだり必要な書類（母子手帳など）を準備しましょう. なお，ビザ関連のルールは頻繁に変更されるので，**留学受け入れ機関から提供される情報および留学先国の大使館のウェブサイト等で最新の情報を確認する**ことが重要です.

◆ 現地での生活のセットアップに必要な情報収集

ビザなどの手続きを進めることと並行して，**生活のセットアップに必要となりそうな事柄のリストをつくり，PIや受け入れ先のラボのメンバーからいろいろな情報の収集を開始しましょう.** また現地にいる日本人を紹介してもらう，積極的にソーシャルメディアを介して現地の日本人コミュニティとの接点をつくる等ができれば，よりスムーズに事が進むはずです. 最近では不動産関係もオンラインサービスが充実しているためネットを介して住む物件を探し始めることができますし，自分が渡航する頃に帰国を予定している日本人を見つけて車や家具などを個人間売買する話し合いを始める方もおられるようです. 無論，現地で内覧をせずにアパートメントなどの契約をすることで，後にトラブルとなることもあるので十分注意しましょう. なお，海外旅行者向けの携帯電話用のSIMカードをあらかじめ日本で購入して行くと，渡航直後の情報収集に大いに役立ちます.

◆ 各種手続きや引っ越し準備

現地の人からの情報をもとに，生活の立ち上げのためにさまざまな事前準備をしましょう. 例えば米国で生活を立ち上げるには日本のマイナ

※2 コロナ禍では面接は必要とされず，パスポートを含む書類の郵送でJ-1などのビザの申請が行えましたが，現在では再び必須とされています. 在日米国大使館のウェブサイト（https://jp.usembassy.gov/ja/visas-ja/）などで最新の情報を得たうえで，ISOの指示に従って入念に準備をし，臨みましょう.

ンバーに相当する**ソーシャルセキュリティナンバー（SSN）が多くの場面で必要になりますが，これは渡米後でないと申請ができず，手元に届くまで通常数週間かかります**．SSNがないと契約や手続きの面で制約されるため不便なことが多々あります．トラベラーズチェックや日本のクレジットカードを持参し，当面の生活に必要な資金をしっかり確保しておきましょう．また，渡航後の健康保険は受け入れ機関がカバーしてくれるのか，扶養家族の分はどうなっているのかをはっきりさせ，必要であれば長期の旅行者保険をかけていくなど，各自の状況に応じた対応が必要です．なお，車が必須な地域に渡航する場合は国際免許証を日本で取得しておくと，現地の運転免許を取得するまでのつなぎとして役に立つことがあります．学童を帯同する場合には現地校や補習校などの情報や転入手続きに関する情報も事前に調査しておく必要があります．行政手続きである転出届の提出や渡航期間中の国民年金への任意加入の是非，ペットを帯同する場合の検疫手続きなど，いろいろなことを考えないといけませんので，入念に準備を進めましょう．なお，渡航場所によっては日本の生活必需品の入手難易度が異なりますので，ものによっては航空便や船便等で日本から輸送する必要があるでしょう．無事にビザが発給されたら渡航日を確定させて航空券の手配をし，最終準備を整えましょう．

2 渡航直後にすべきこと

◆ 生活の立ち上げ

留学先に到着をしたら，まず**現地での生活を立ち上げることに全力を注ぎましょう**．ちなみにJ-1やF-1ビザではDS-2019やI-20という書類に書かれたプログラム開始日の30日前[3]から米国に入国できますので，研究生活が始まる前にある程度余裕を持って渡米の日程を組むことが可

※3　米国国務省のウェブサイト（https://travel.state.gov/content/travel/en/us-visas/study/exchange.html）より最新の情報を確認しましょう．

能です．渡航当初（1〜2週間）はキッチン等が付属している長期滞在者向けのホテルに宿泊し，公共交通機関，レンタカーやUber・Lyft等のライドシェアサービスを利用しながら生活に必要な手続きを済ませていく方が多いようです．アパートの契約や車の購入，銀行口座の開設や電気・電話・インターネット回線の契約等を不慣れな土地で短期間に行う必要があるため，不安は多いかと思います．**チェックリストをつくり，ラボのメンバーや現地の日本人などを頼りにしつつ，一つひとつ着実に進めていきましょう．**なお，多くの方は生活の立ち上げの際に他の方の手助けを求めることを躊躇しがちですが，実は現地在住者たちも自らの生活のセットアップの際に当時の「在住の先輩」にいろいろと手伝ってもらった経験があります．そのため最初は周囲の人に迷惑をかけているのではないかという気持ちをぐっと抑え，助けてもらった恩は将来他の人の手助けをすることで社会に還元するという「Pay it forward」の精神でこの最初の難局を乗り越えましょう．

◆ 受け入れ先の大学・研究機関でのチェックインやオリエンテーション

ビザに記されているプログラム開始日の前後に留学先の受け入れ機関で'On boarding'とよばれるさまざまな事務手続きやオリエンテーションが開かれます．海外からの留学生はまずISOでのチェックイン（パスポートやビザスタンプのコピーを取られたり，必要書類に記入を求められたりする）を渡航直後に求められることが多いと思いますので，渡航前の指示に従って迅速に対応しましょう．コロナ禍以前はその週に仕事を始める職員や研究者に向けた対面の合同説明会が開かれることが多かったのですが，最近はオンラインでの手続きのみで対応する組織も増えているように思われます．Human Resources（HR）とよばれる人事部やPIの指示に従ってオリエンテーションをこなしていきましょう．また，脊椎動物や患者さん由来の検体を使って研究をする予定であればIACUC（Institutional Animal Care and Use Committee）やIRB（Institutional

Review Board）が求めるトレーニングを受ける必要があるでしょうし，行う予定の実験手法によってはバイオハザードやレーザー，放射性物質等を取り扱うためのトレーニングが別途必要になってきます．これ以外にもコンプライアンス遵守のための研究倫理やサイバーセキュリティなどに関するオンライントレーニングも必須とされることもありますので，**自分がどのトレーニングをいつまでに受けなければならないのかをHRやPIと十分に確認し，研究のスタートをスムーズに切れるようにしましょう．**

◆ 家族のケア

　扶養家族を伴っての留学の場合，自らの生活基盤や研究の立ち上げとともに家族の生活のセットアップに注力する必要があります．全員で同時に渡航し，家族が力を合わせて試行錯誤しながら新生活をセットアップする場合もあれば，まずは留学者本人だけが現地に先に赴き，ある程度生活基盤が立ち上がってから残りの家族を呼び寄せるケースもあるでしょう．それぞれの家族の状況やタイミングに適した計画を立てる必要があります．特に配偶者が日本で仕事をしていたが帯同者ビザでは仕事ができないとの理由で主婦・主夫として留学生活をサポートするようなケースでは，喪失感や疎外感などが引き金となりメンタルヘルスへの影響が出てしまうことがありえます．積極的に現地の日本人と交流したり，趣味やボランディアなど社会活動の場を探して現地住人との交流を模索したりすることで，家以外での居場所を見つける手助けをすることが有効な場合があります．ただ，現地日本人コミュニティに馴染めない，現地生活でトラブルに巻き込まれてしまうといった場合，こうした努力がかえってストレスのもとになってしまうこともあります．新環境へ馴染むうえでは，人柄や個性に合わせてプレッシャーを与えずいろいろなことを模索していくことが大切です．なお，欧米では日本よりも仕事の時間とプライベートな時間の切り替えをはっきりさせ，ワークライフバランスを重視する文化があるので，**仕事の後や週末，休暇期間は家族との時間を十分確保することを心がけましょう．**ちなみに，J–2ビザで渡航

した配偶者は一定の条件の下，米国で仕事をすることを可能とするEAD（Employment Authorization Document）[4]という就労許可証に申し込むことが可能です．申請に必要な書類や費用，就労条件，認可が下りるまでどれくらいの期間がかかるのかなど，最新情報をISOなどから得るようにし，検討してみてもいいかもしれません．家族の安定は自らの安定にもつながるので，先達の助言なども参考にしながら，**留学者家族をサポートする制度（Column 4-1 参照）や情報を活用し，異国の地で家族が一丸となって，新たなチャレンジに向き合うことが重要です**．

3 新しい研究環境に適応する

◆ PIやラボメンバーとの研究内容の打ち合わせ

チェックインやオリエンテーションが一段落すると，研究機関の一員としてIDカードとメールアドレスをもらい，待ち望んでいた新研究生活が正式に始まります．**まずはPIに挨拶に行き，今後の方針やスケジュールを確認しましょう**．いきなり担当してもらいたいプロジェクトの話を始めるPIもいますし，まずラボのメンバーと1：1で話をさせ，ラボ全体として今どのようなプロジェクトが走っているかを把握してもらってからどういう研究をしていくのかをある程度時間をかけて考えるPIもいるでしょう．留学前からどれくらいPIとプロジェクトについてディスカッションを進めてきたかによっても，この面談の内容や具体性が変わってくると思われます．また，この最初のPIとのミーティングでは研究内容だけではなく，今後どれくらいの頻度でPIとミーティングを持つか（1：1のディスカッションやラボミーティングでの発表の頻度）など，研究指導に関する話もしておくと良いでしょう．また，自分の興味やこれまでの研究内容をまだラボメンバーに紹介していなければ，ラボミーティングでの

---

[4]　米国移民局のウェブサイト（https://www.uscis.gov/green-card/green-card-processes-and-procedures/employment-authorization-document）より最新の情報を確認しましょう．

発表の機会を設けてもらうようPIにお願いするなど，**積極的に研究室の人たちとコミュニケーションを取り始めるきっかけをつくり出しましょう**．

◆ 新生活のスケジュール・リズムに慣れる

　留学開始当初はなるべく受け入れ研究室のスケジュールに合った働き方をすることを心がけましょう．出勤時間に関してはPIがコアタイムを設定している場合はそれを遵守し，ある程度フレキシブルである場合でもなるべくPIや他のラボメンバーと出勤・退勤時間を合わせることから始めましょう．例えば日本では夜型の生活をしていたが，新研究室のほとんどのメンバーが朝型のリズムで活動をしている場合，順応するのには一苦労だと思います．研究生活に慣れてきたらPIと相談のうえ，自分に合った生活リズムにシフトしていっても構わないと思いますが，**留学当初はPIをはじめとするラボメンバーとのコミュニケーションを積極的に取り，信頼関係を構築していくことが重要**ですので，新環境に従った働き方をしながら，徐々にラボでの自分の居場所・立場を構築していきましょう．バイオインフォマティクス系のいわゆるドライなラボであれば，多くの仕事をリモートでこなすことができる場合があるかもしれません．その場合でも初めのうちはなるべく研究室に顔を出してオンサイトで仕事をすることを心がけて，研究室に溶けこむように努力しましょう．なお，最近ではラボ内の情報共有にSlackなどのアプリを用いる研究室も増えてきました．新しいテクノロジーを積極的に取り入れ，ラボ内外とスムーズなコミュニケーションを取るよう心がけましょう．

◆ 仕事の引き継ぎやプロジェクトの立ち上げを通じて新しい手法をラボ内で学ぶ

　新研究室では一からすべて自分で仕事を立ち上げることは滅多になく，ほとんどの場合既存のラボメンバーからの仕事を引き継いだり，手法を習ったりしながら研究生活を開始することになると思います．自分が過去に経験したことがある実験手法でも，使用する機材・試薬が異なると思うように結果が出ないことがあるので，まずは**その研究室流の手法を**

他のラボメンバーから習い，徐々に実験に慣れていきましょう．

◆ 自分の知識や実験手法を留学先のラボのメンバーに伝授する

　留学は新しい技術や考え方を学ぶチャンスであると同時に，これまで自分が蓄積してきた知識や実験手法を留学先の研究室に伝える機会でもあります．ラボメンバーとの1：1の面談やラボミーティングの発表を聞き，ある程度ラボ内のプロジェクトの全貌が見えてきたら，**どのようにして自分がこの研究室のために貢献できるかを考えてみましょう**．特に研究分野が異なるラボに留学する際は，皆が知らない文献を紹介したり，自分が得意とする実験系を新たに立ち上げて他のラボメンバーの研究に協力したりすることで，PIからも一目置かれる存在になる可能性があります．また，メインプロジェクト以外にも，自分の強みを活かして研究室内・外のプロジェクトに参加することで，留学中の業績を増やすことができるでしょう．

◆ コアファシリティを知り利用する

　海外の大学・研究機関にはコアファシリティ（コア）とよばれる実験を補助してくれるような施設が多数存在します．各種オミクス（ゲノミクス・トランスクリプトミクス・プロテオミクス・メタボロミクス）解析やイメージング，電気生理学的な手法やiPS細胞関連の技術などを専門家から習得できますし，費用を研究費から支払えば実験自体を委託したり，遺伝子改変動物の作製・解析などを依頼することもできます（Column 5-5参照）．経験や知識があまりなくても，**高度な専門性を有するコアのスタッフがあなたのやりたい研究の相談に快く乗ってくれ，実験の計画立てから実行までを幅広くサポートしてくれるため，自らの研究の幅を広げる絶好の機会です**．また，研究機関によっては高度なバイオインフォマティクスの解析基盤の提供を受けたり，統計の専門家に指示を仰げたりと，データ処理・解析に関するさまざまなサービスが用意されており，コアの充実度も留学先選びの重要な要素となります．留学前からある程度の情報収集は可能ですが，現地での研究生活を始めた

ら積極的にどのようなコアが存在し，どんなサービスを受けることができるのかを比較的早い段階で把握し，PIと相談しながら自分の研究プロジェクトに活用していきましょう．

4 研究能力を磨く

◆ 語学力を磨く

　留学をする目的として，研究の幅を広げ，興味がある事象をより深く追究する以外にも，語学力，とりわけサイエンスの標準語である英語の能力の向上を目標に掲げる方が多いかと思います．第一に日頃からPIやラボメンバーと研究の話やそれ以外の話を積極的にすることを心がけましょう．また，大学や研究機関によっては留学者向けの英語のクラスが提供されている場合がありますので，それらを利用することも検討しながら可能な限り英語漬けの日々を過ごすことを心がけましょう．最初は自らの英語力を過小評価し，なるべく恥をかかないように発言を控えてしまいがちですが，それでは逆効果です．**言語は使っていくうちに上達するものであり，「よく話し，よく聞く」ことで，自分の能力を大幅に向上させることができます**．なお，米国の大学には留学生が多数おり，多少の文法の間違いやアクセント・イントネーションの違いなどは気にせずとも日常会話は十分に成立します．まずは自分の考えや意見をしっかりと英語で伝えることを目標に，徐々に使えるフレーズやイディオムなどを増やしていきましょう．海外の日本人PIのラボに参加する場合，PIと日本語で意思疎通が可能であるため，外国人PIの下で研究するよりもコミュニケーションでフラストレーションが溜まることは少ないかと思います．しかし，これはせっかくの英語力向上のチャンスを逃していることと引き換えなので，日本人PIとサイエンスにかかわる話はすべて英語で行うといったルールを設けることも有効です．また，ラボ外でも趣味などを通じて現地の人や他の留学生との交流を積極的に持つことで，

93

使える言葉の幅を広げることができます．いったん習得した語学力は帰国した後も大きな財産となりますので，苦手意識を持たず積極的に意識して英語力の向上に取り組みましょう．

◆　　　　◆　　　　◆

　なお，読者の中には英語圏以外の留学先を検討している方もいらっしゃると思います．日常生活をスムーズに行うためには現地の言葉を積極的に学ぶ必要があるかと思いますし，現地でのキャリアを構築していこうと考える場合，その土地の言語の習得度を向上させる価値は大いにある一方，大学・研究機関やラボ内では英語が十分に話せれば研究活動自体には影響がない場合がほとんどだと思われます．第三言語の習得にかかる労力と研究自体に割く時間のバランスをうまく取りながら，自分のキャリアや個性に応じた語学習得計画を立ててください．

◆ 発表力・質問力を磨く

　基礎的な語学力を向上させる以外にも，**自分の研究を英語で上手に発表するにはプレゼンテーションのスキルを磨く必要があります**（Column 4-2参照）．米国で教育を受けた学生は子どもの頃から「Show & Tell」といわれる授業などを通じて他人に自分の意見を伝えるトレーニングを受けています．また，大学・大学院の教育課程でも発表力を磨くことに重点が置かれており，学位取得を目的として渡米する方はカリキュラムを通じてこの能力を高めることができるはずです．一方，ポスドクとして渡航する人は，研究室内のラボミーティングやジャーナルクラブ（論文輪読会），Departmentや研究所のリトリートや学会での発表を通じ，積極的にプレゼンテーション能力の向上を図る必要があります．小さな発表であっても本番前にPIやラボの同僚と練習をし，フィードバックをもらうことで徐々に自分に合ったスタイルを確立していくと良いでしょう．また，自分の研究を分野内・外の人にわかりやすく伝える方法を模索する以外にも，他人の発表を聞き，思慮のある質問をする能力を磨いていくことで，研究者としての価値を高めることができるはずです．海

外ではゲストスピーカーを迎えたセミナーに参加する機会が多いので，実験の合間をぬって魅力的な講演会に参加しては効果的なトークの組み上げ方を学び，演者に積極的に質問をすることで場慣れをし，自らの発表力・質問力を向上させていきましょう．

◆ 論文力・グラント力を磨く

口頭発表は自らの研究を他の研究者にアピールする重要な場ですが，研究者としての評価のほとんどは発表した論文や獲得したグラントに基づきます．海外の大学院では**論理的な文章の構築や魅力的なグラントの書き方を学べる授業**が充実していますし，**ポスドクやファカルティ向けのワークショップ**も頻繁に開催されています．また，こうした講義形式以外にも，**自らが書いた論文やフェローシップの申請書のドラフトをPIや同僚に読んでもらってフィードバックを受けることで，自らの文書執筆能力を向上させていく**ことが可能です．いわゆる大御所とよばれる研究者ですら，申請予定のグラントを同じDepartmentの同僚などに一読してもらってからの推敲を頻繁に行っています．今後あなたもラボ内外のポスドクや大学院生が書いた文章に意見を求められる機会があるかと思います．論文をインパクトファクターの高い雑誌に載せたり，競争率が高いグラントを獲得したりするには，分野外の研究者が読んでも理解しやすい表現が求められるので，なるべく多くの人の手を借りながら，自らの書く力を磨いていきましょう．米国のアカデミアで独立を考える場合，NIHのK99/R00というフェローシップ・グラントを獲得すると有利になるといわれることが多いですが（**5章**，および**Column 5-1，Column 5-3**も参照），ポスドク開始後4年以内に申請を完了する必要がありますので，応募を検討している場合は計画的に準備を進めることが必要です．なお，グラントの申請には魅力的なプロジェクトを自ら考案する力が必要ですので，留学開始時にPIからプロジェクトを与えられただけではなかなかオリジナリティが育たないかもしれません．独立を強く意識する場合は，当初の仕事をこなしながら，自らの興味のあるテー

マに関するアイディアを出し，新規プロジェクトを立ち上げさせてもらう交渉をすることも重要です（**Column 4-3** 参照）．また，PI が投稿論文の査読をする際，その手助けをすることで論文やグラントを批評する能力を磨くこともできます．最近では査読数も研究者の評価をする際の指標にする動き[5]もありますし，他人の論文を丁寧に批評することで自らが論文を執筆する際の課題やヒントも見えてくると思います．いろいろな機会に目を向け，研鑽を積みましょう．

◆ 教育力を磨く

将来アカデミア職に就きたい場合，留学中に堅実な研究力と共にしっかりとした教育力を身につける必要があります．**大学・大学院の講義でTAを務める**，ローテーションにより短期間ラボに所属して実験をする**大学院生の世話をする**，**学部学生のプロジェクトを指導する**といった経験を重ねることで，履歴書の教育歴の欄に書けることを増やしていきましょう．機会があれば，PI が受け持っている講義の代講や，研究合宿[6]のメンター等を務めることで，さらなる経験を積むことも可能です．また，多様性を重視する米国のアカデミアでキャリアを積んでいこうと考える場合，マイノリティーの学生の教育をサポートする**DEI 活動などに参加する**ことも，貴重な経験を積む機会となるでしょう（**6 章**を参照）．

◆ ネットワークを広げ，維持する

研究者としてのアカデミアでの活躍はネットワークの広さや強さに大きく左右されます．実力がある人でも，学会や分野で孤立をしてしまうとさまざまな不利益を被るでしょうし，逆に特筆すべき強みがそれほどなくあまり自分に自信が持てない場合でも，業界内の有力者のサポートを受けることができれば，さまざまなチャンスに恵まれることでしょう．

---

[5]　Web of Science（https://www.webofscience.com）や ORCiD（https://orcid.org）などのデータベースが査読実績の追跡サービスを提供しています．参加は任意ですが，どの研究者がこれまでにどのジャーナルの論文を何本査読したかという情報が調べられるようになっています．

[6]　例えば Cold Spring Harbor Laboratory（https://meetings.cshl.edu/courses.html）や Marine Biological Laboratory（https://www.mbl.edu/education/advanced-research-training-courses）では夏季にさまざまなテーマの研究合宿が開かれ，世界中のさまざまな研究者が教育に携わっています．

大学院生として留学をする場合，将来さまざまな分野で広く活躍することになる同期との横のつながりが必然的にでき，Ph.D.プログラムに在籍する教授陣と積極的に交流を深める機会が多く用意されている一方，ポスドクとして留学する場合，ほとんどの時間をPIや研究室のメンバーと過ごすことになりがちなので，意識してネットワークを広げる機会をつくることが重要です．**常にアンテナを張り巡らせ，学内外の研究者とのコラボレーションをPIに積極的に提案する**ことで，自らの研究のポテンシャルや応用性を広げると同時に，リーダーシップを身につけることができます．また，最近ではPostdoctoral Associationとよばれる組織が各大学・研究機関に形成され，積極的にポスドク同士の横のつながりを促進させる場を設けていますので，そうした活動にも参加してみましょう．また，Departmentや研究所のリトリートに参加して他の研究室の人と交流する機会をつくったり，学会等に参加したりして専門分野内でのネットワークをどんどん広げていきましょう．

　将来的に日本に戻ってくることを考えた場合，国内で培ってきたネットワークを維持する努力をする必要がありますし，海外の学会で新たに知り合った日本の研究者と積極的にコミュニケーションを取るなど，**日本でのコネクションを広げていく地道な努力**も効果的です．一時帰国の際などに，これまでお世話になった方々や新たに仲良くなった研究者に連絡を取り，大学等で研究セミナーをさせてもらうように働きかけることも，今後のキャリアを発展させるうえで有用です（**8章**参照）．また，UJA（海外日本人研究者ネットワーク）や現地の日本人研究者のコミュニティ（**Column 4-4**参照），日本で所属している学会の「**若手研究者の会**」の活動に参加することで，海外にいながらも日本とのつながりを維持・発展させることができるでしょう．

5 トラブルへの対処

　実際に留学先のラボでの研究生活が始まると，思ったように物事が進まず，不安や焦りが募ることもあるでしょう．計画していたプロジェクトがうまくいかない（**Column 4-5**参照），前任者の実験結果の再現が取れない（**Column 4-6**参照），といった**研究の悩み**に関してはPIやラボのメンバーと綿密に相談しながら解決方法を模索していく必要がありますが，中にはその**PIやラボの同僚との人間関係**に悩まされることがあるかもしれません．PIがいくら研究者として優れた業績を持っていても，性格やラボのマネジメント方針などは経歴からはうかがえず，留学後に「こんなはずじゃなかった」とそのラボを選んだことを後悔する人もいるかもしれません．無論，成功しているPIの多くは，人格的にも優れ，ラボメンバーの育成に関心があり，自由な発想やチャレンジを許容してくれる人であると思います．しかし中には仕事の内容や方法に過剰に口を出してくるPI，時間管理が異常に厳しいPI，ラボメンバーの育成にほとんど関心がないPI，ラボ内で複数のポスドクに同じ研究テーマを与えて競争させるPIなども存在します．このようなラボに所属してしまうと，非常にストレス過多な毎日を送ることになり，キャリアの発展はもとより，心身の健康にも大きな影響をきたしてしまう可能性があります．いかに慎重に事前のインタビューや周りの人の意見を聞いて慎重なラボ選択をしたとしても，現地に行って初めて明らかになる事実もあるでしょう．こうした場合は同じ研究機関の人材を募集している他のラボに移ることの検討や，留学先候補に残っていた別の研究室へ再アプライをしながら，ネガティブな空間からの脱出を試みることも必要になってくるかもしれません．ビザの関係もあるので，異動の計画立てやネゴシエーションは慎重に行う必要もありますが，PIの方針や性格を変えることは非常に難しいため，いろいろな可能性を模索しましょう．また，単に反りが合わないだけなく，差別的言動・パワハラ・セクハラ等，PIの行動が**コンプライアンス基準**に違反していると思われる場合は，組織内のホット

ラインやOmbuds Officeとよばれる部署を通じて正式な調査を依頼することが可能です．懸案がコンプライアンス違反とまではいかない場合はDepartment ChairといったPIの上司に当たる人やPh.D.プログラムのDirectorなど責任のある立場にいる人に相談を持ちかけることで有用な対策を講じてくれる場合もあるかもしれませんが，自らの身を守るためにも正式な制度を知り，必要に応じて活用することが重要です（**Column 4-7参照**）．また，米国では人種・信条・ジェンダー以外にも年齢などで差別することを厳しく禁じる制度がありますし（**6章参照**），bullyingとよばれるようなパワハラが明らかになった場合，特に近年では厳しい処分が下る傾向にあります．こうしたコンプライアンス基準はPIだけでなくその組織に所属する全員に適用されるので，同僚などから同様な仕打ちを受けた場合でも同じく泣き寝入りすることなく厳正な対処を求めることは研究機関全体の風紀の向上に貢献することになります．逆に，日本では許容されていたが，米国では厳しい目を向けられる言動などもあるので，オリエンテーションの際に紹介される**コンプライアンス基準を自らも徹底して遵守する**ことが必要です．また，Ombuds Officeは差別やハラスメント以外でも，研究不正に関する対応をする部署でもありますので，ミスコンダクトに巻き込まれそうになった場合の相談窓口であることも覚えておきましょう．

　中には不運なことにラボの資金繰りが悪化したり（**Column 4-8参照**），PIが他の研究機関に移ることになった（**Column 4-9参照**）との理由で，留学中に予想外の状況に陥ることがあるかもしれません．欧米のアカデミアは流動性が比較的高く，ラボの縮小や移転，閉鎖も珍しいことではありません．もしPIから何らかの解雇通告を受けた場合，HRに相談して猶予期間の確認をしながら，すみやかに次のステップを検討する必要があります．また，ラボが移転する場合，PIと一緒について行くか否かの選択を迫られることがあるかもしれません．その場合は移転先の情報を集め，移行のタイムフレームやプロセスを調べ，もし一緒に行かない

という決断をした場合の選択肢をPIと確認し，自身と家族の状況に適した判断を下すことが重要です．移転を決意した場合はISOのスタッフと十分に連絡を取り，ビザの書き換え等に必要な手続きなどを慎重に確認するようにしましょう．研究室や研究機関を移ることは大変ですが，これを転機と捉え，ポジティブな心構えを持つことも大切です．

◆　　　　◆　　　　◆

　初めて海外で生活をする人の中には，留学先のPIや研究室に問題はないが，どうしても異国での生活に慣れることができず，日々を過ごす中で孤独感に苛まれてしまう方がいるかもしれません．日本人研究者や企業等からの駐在員が多い土地に赴任する場合は，日本人のコミュニティに帰属することができ，生活スタイルの変化に比較的対処しやすい一方，日本人が少ない土地で生活をする場合，深刻なホームシックにかかってしまうこともあるかもしれません．また，留学者本人は充実した日々を送っていても，同行した家族が新生活にどうしても馴染めないといったケースもあるでしょう．こうした場合は一度客観的に自らの状況を見直し，留学生活のメリットとデメリットを比較し，帰国を含めたさまざまな選択肢から**自らと家族の幸せのため最良の選択**をしなければなりません．海外研究留学は多くの成果を得る可能性がある一方，決して万人向けのものではありません．日本国内でも素晴らしい研究やトレーニングを行っている研究室は多数ありますし，海外に出ずとも素晴らしい業績を挙げ，世界的な研究者・指導者になることができます（**Column 4-10** 参照）．悩み抜いた末，帰国をすることを選択した方は，その決断に十分な誇りを持っていただき，短期間の留学から得られたことを糧に，日本で自らの目標に向かって力強く歩みを進めていただければと思います．

著者プロフィール
_____

山本慎也
プロフィールは奥付参照．

世界で活躍をめざす研究者と
その家族を支える

足立春那（写真），足立剛也，貝沼圭吾，長谷川麻子（NPO法人ケイロン・イニシアチブ）

ケイロン・イニシアチブ[※1]は，「研究者の家族」の支援を通して科学とイノベーションを推進することを目的に，2019（令和元）年に設立認証されたNPO法人です．研究者が，配偶者やパートナーのキャリアパス，子どもの教育，親の介護などの事情といった，いわゆる「家族ブロック」により海外留学や研究継続を断念する事例は少なくありません．こうした課題を解決するため，ケイロンでは，大きく三つのサポートを行っています．一つ目は，海外在住の研究者家族・パートナーが直面する課題解決に役立つ情報プラットフォームの提供です．すでに米国，フランス，シンガポールを中心に，課題解決の体験談を提供するとともに，有益な情報のリンク集を国別・課題別に紹介しています[※2]．二つ目は，家族に関連する既存の取り組みとの連携，三つ目は留学研究者の家族を対象とした助成金制度「ケイロン・ギフツ」です．

設立に至る経緯

理事長が配偶者である副理事長のフランス赴任に一家で帯同したことが，法人設立のきっかけとなりました[※3]．赴任先であるヒューマン・フロンティア・サイエンス・プログラム（HFSP）は1987年，当時首相だった中曽根康弘氏が提唱して始まった国際研究プロジェクトで，特にそのポスドクフェローシップは，生活費と研究費だけでなく，育児手当が追加で支給され，さらに，家族を含めた引越し手当もあり，産休もしっかり取れるという事実に衝撃を受けたのです．留学は研究者自身が望んでするのだから，家族への支援なんて！と縛られていた固定観念が崩された瞬間でした．また，研究に関する知識や経験のない理事長にとって，研究者としての副理事長とのコミュニケーションは，家族の中でも一つの壁となっていました．「研究者との間の見えない壁」の存在は，社会全般にも当てはま

※1　https://www.cheiron.jp/
※2　https://www.cheiron.jp/links
※3　DOI: 10.1038/ndigest.2020.200417

まるのではないかと思い，研究者の家族として，次元の違う存在と捉えられがちな研究者を身近な存在へと変えていきたいと考えるようになりました．そんな思いを形にすべく，「海外に挑戦する研究者の家族・パートナーにも安心を提供する」をテーマに活動を始めたのが，渡仏から4カ月ほど過ぎた2018年12月のことでした．

研究者と家族の抱える問題 実態調査

研究者の大半が非正規雇用のため，その家族を含めライフイベントのさまざまな場面において多くの問題に直面します．産休や育児休業，研究者自身のキャリアの見通しや子どもの教育，海外留学の場合には，さらに生活に関する情報の不足や言語の壁，配偶者のキャリアの問題などが加わります．ケイロンがまず取り組んだのは，「研究者と家族が抱える問題」を明らかにするための実態調査でした．2020年に実施した本アンケート調査[※4]では，参加者231名から回答が寄せられました．留学中・経験ありの研究者およびそのご家族から届いた回答のうち，該当する117件を解析した結果，最も多くの方から課題として挙げられたのは，「留学・赴任に関する費用が十分でない or 柔軟でなく家族のための配慮がなされていない」で62％．次いで，50％の方から家族のキャリアパス（配偶者が仕事をやめなければならなかった，ビザの種類によって働くことができなかった）についての問題が挙げられました[※5]．また，研究者の留学・赴

任に家族を帯同しなかったケースについて別途，理由をお伺いしたところ（有効回答28件），実に3/4（21件）の方が配偶者のキャリアパスを原因として挙げていらっしゃいました．その他，4割以上の方が，留学関連，現地関連，健康・医療関連情報が十分でなかったり，まとまっていなかったりする問題を挙げていました．また，お子さんがいらっしゃらない方も含まれる全回答のうち3割以上が，出産・育児，子どもの教育に関する問題を抱えていたことがわかりました．

海外で活躍する研究者の家族・パートナーを支援する助成金制度

実態調査の結果を踏まえ，ケイロンはこのような当事者のニーズに応える新しい形の助成金制度「Cheiron Grant Initiative for Families enabling Tomorrow's Science: Cheiron–GIFTS（ケイロン・ギフツ）」を立ち上げました．本助成金は，留学研究者や海外を拠点とすることをめざす研究者やその家族・パートナーが応募し，受給します．研究者が受給する場合，さまざまな制度の重複制限に抵触する場合もありますが，家族やパートナーの受給も可能にしています．研究（者）の一番の理解者である家族を含めて研究者を支援することが，そのエコシステムを推進する第一歩になる，そんなビジョンを共有する方々が活動を支えてくださっています．2020年春，コロナ禍とともにスタートしたケイロン・ギフツの存在は研究者の間で少しずつ知られるようになり，

※4　https://www.cheiron.jp/platform
※5　https://www.cheiron.jp/_files/ugd/5dc1de_084dbf70bfa24cb38df7804cf69ae0b6.pdf

コロナ禍真只中の2021年は応募数が少なかったものの，ケイロンの認知度の上昇とともに応募者数，採択者数は徐々に増加してきています．助成額は1件あたり10〜40万円程度（2022年の平均助成額（特別賞除く）は28万円）です．今春も5回目の公募[※6]を実施しましたが，実に89件の応募をいただくことができました．アメリカへ留学する医歯薬学・生物学の研究者の方からの応募が多くを占めますが，採択者の中にはヨーロッパやアジア・オセアニアへの留学者も含まれており，デザイン，言語ネットワーク，銀河形成，次世代電池など，多様なテーマの研究者家族・パートナーへのサポートも実施してきました．

海外における研究者の家族・パートナーの多様性を支える実例

また，さまざまな領域でダイバーシティの必要性が求められる中で，「家族」のあり方も多様化し，LGBTQ＋カップル，事実婚，シングルマザー／ファザーなど，従来の概念には当てはまらない新しい家族の形も生まれています．一方で，日本の社会基盤は，従前の形態をベースに構築されており，海外に比べ大きく遅れをとっている現状があり，ケイロン・ギフツでは一昨年度より，海外における研究者の多様な家族・パートナーについて，留学後に「DEI：Diversity, Equity, Inclusion」の現状について日本国内で情報発信することも想定して課題設定しています．以下，2024年度の二つの課題と，過去の採択例をご紹介します．

【課題1】研究者の家族・パートナーの海外でのキャリアパス問題

日本の看護師の職を辞め，ノースウエスタン大学病院の研究員である夫の米国留学に同行した妻が，ケイロン・ギフツの助成金をもとに，定評のあるシカゴ市立大学マルコムX校の講師が非常勤で看護コースを教えているThe Nirvana Instituteへ入学し，ナーシングアシスタントの資格を取得したケースがあります（2020年度第1位・高田千明さん）[※7]．

【課題2】研究者の留学先での多様な家族・パートナーのあり方

夫のアメリカ国立衛生研究所（NIH）への渡航にあたり，日本の法律の下で事実婚を選択している妻が，配偶者ビザ取得や医療保険など，いくつもの課題に直面したため，ケイロン・ギフツの助成金を活用し，そろって米国長期滞在を実現したケースがあります（2022年度第1位・早瀬直樹さん）[※8]．

◆　　◆　　◆

このように，われわれのニッチではあるものの多様な取り組みをできるだけ多くの方に知っていただき，ケイロンが提供する情報を活用いただくとともに，助成金への応募やさまざまな形で活動のご支援[※9]をいただければ嬉しく思います．

※6　https://www.cheiron.jp/grant
※7　https://www.cheiron.jp/post/cheiron-gifts-2020-report-1
※8　https://www.cheiron.jp/post/cheiron-gifts-2022-report-1
※9　https://www.eposcard.co.jp/designcard/cheiron/index.html

Column 4-2

旅の恥は掻き捨て？
海外用のアバターをつくる

中田大介（ベイラー医科大学分子人類遺伝学部）

　国際学会に参加し，自信満々に身振り手振りを伴った派手な講演者や，颯爽とマイクに駆け寄り，質問の内容や頻度で強力な印象を残していく質問者などを多く見かけることと思います．それを見て，やっぱり海外の研究者は積極的だなあと思うことも多いと思いますし，在米歴約20年の筆者もいまだにそう思います．実際にその積極性はアメリカでは大いに評価され，アカデミアのみならず企業でも採用・昇進にプラスに働きます．陽キャ採用なんじゃないの，と思うこともしばしばあります．では，学会で見る彼ら彼女らは果たして生来積極的な性格（陽キャ）をしているのでしょうか．それを知る由はありませんが，私は必ずしもそうではないと考えています．

◆　◆　◆

　If you are not excited, why do we have to be excited? 日本では研究発表の場において結果を大袈裟に評価せず淡々と発表することが多いと思います．その方が評価されると思われているのかもしれません．アメリカの大学院では研究発表のしかたのレクチャーがあり，発表者自らが大事な点をイントネーションの変化や身振りなどで強調することの重要性を説かれます．発表者が自らの発見に感心し自信を持っていないのなら聴衆には伝わらないという考えです．日本語と英語という言語の違いは大いにありますが，研究成果へのexcitementと自信が伝わるような努力を惜しまないことが大事だと思います．

◆　◆　◆

　Fake it till you make it.（なりきるまで演じきれ）という言葉があります．現在所属している大学院の同僚（Andy Groves教授）に，あまり積極的でない学生にどのようなアドバイスをしたらいいか尋ねたところ，上記の言葉を含むアドバイスをもらいました．その同僚も発表の前はAndy version2.0にバージョンアップして臨むと言っていました．留学を機に，積極的に議論に参加する，自分の研究成果を楽しんで発表できるような自分の海外での"アバター"を用意するといいのかもしれません．

◆　◆　◆

日本の（研究）社会では横並びを重視し，出る杭として打たれるのを避け，その中で業績を上げることが大事とされていると筆者は偏見も含めて感じています．確かに評価を下す者が出ていない杭を求めているのなら，そのように振る舞うのが賢いといえます．ただ，英語圏で求められる優秀な若手は，研究や教育活動における活躍のみならず，将来研究所や大学のリーダーとして社会への貢献の宣伝や寄付金の確保を含め，世間との接点としての役割も期待されています．日本の高校・大学入試では試験で高得点を取ることによって合否が決まることがほとんどだと思いますが，アメリカの入学審査では今までの学生生活におけるリーダーシップ活動が大きく影響します（むしろ高得点を取ることよりも大事ともいえます）．学生やポスドクの頃から精力的にリーダーシップを取り，常にグループの中で目立つ立場をめざしていたアメリカの研究者（もちろん一部ですが）と，筆記試験の高得点を至上目標としてきた私たちでは研究発表という一大イベントへの考え方が違うということは認識しておく必要があります．最近では基礎学力や知識以外の能力を総合型選抜で評価するシステムを採用している日本の大学も増えてきましたし，就職活動などでは国内外を問わず自己アピールをすることが求められる機会が多いかと思います．自分のキャラではない人物像を演じることに最初は大きな違和感を感じることがあるかもしれませんが，海外留学を自己表現の鍛錬をする機会と捉えることで，自分の新たな一面を発見できるかもしれません．

◆　　　◆　　　◆

では日本人らしさは全く評価されないかというと，そのようなことはありません．日本人らしさを表すものとして，真面目，勤勉，秩序・規律を重んじる，恥を嫌う，カドを立てずに（Yes・Noをはっきりさせずに）丸く収めたがる，等が挙げられると思います．この中でも真面目で勤勉で規律を重んじることはどこでも評価されます．ポスドク先のPIも英語能力はいまいちだけど真面目で勤勉であろうという打算のもと採用している可能性は否定できません．真面目で，かつ陽キャを演じ切れれば，周りからの評価の向上，新しいコネクションの構築，そして新しい可能性の開拓につながるのではないでしょうか．

Column 4-3

新しいプロジェクトの立ち上げ
ボスへの提案と独立への道筋

早瀬英子（テキサス大学MDアンダーソンがんセンター）

　私は北海道大学血液内科の豊嶋崇徳先生，橋本大吾先生の指導の下，博士課程で同種造血幹細胞移植と腸内細菌叢の関連性に関する研究を行い，2017年に博士号を取得，2018年からポスドクとしてアメリカテキサス州にあるMDアンダーソンがんセンターのRob Jenq先生のラボでポスドクとして働き始めました．大学院生時代に「それぞれの研究プロジェクトはその研究室がそれまでに培ってきた研究技術や成果のおかげで成り立っている」「自分が主導していたとしても自分だけのプロジェクトと思ってはいけない．先人の歴史を押さえて，その研究をリスペクトしながら研究に取り組め」と研究の心構えを豊嶋先生から教育され，留学中の今も心がけています．

　留学前に指導教官の橋本先生から留学の心構えとして，「先方でプロジェクトは用意されている．それをなるべく早く終わらせて，自分のやりたいテーマに取り組むことが大事」とアドバイスをいただき，そのお言葉を胸に，留学中は自分がかかわっていないプロジェクトのミーティングにも積極的に参加して進行中のプロジェクトの現状と過去のプロジェクトとのつながり，PIのプロジェクトに対する考え方や進め方等の早急な把握を心がけ，どのように自分のやりたいテーマをPIもやりたいと思えるテーマに育てるかを考えました．Dr. Jenqラボでは2週間に1回のペースでPIとの1対1のミーティングがあり，それを新規プロジェクトの案を話し合う機会として利用しました．最初の数回のミーティングでは，目的が広すぎる，具体性が弱いなどの理由で，発案したプロジェクトの開始許可は出ませんでしたが，自分はPIの先行研究を「リスペクト」して発案しているか？という点に立ち返り，「あなたの過去の論文で出されたこの部分のデータは引き続き検討すれば発展する価値がある．その部分は私がやりたい研究テーマのこの部分とつながり，仮説も支持している」と提案し，最終的に興味を持ってもらえました．

　異動して半年くらい経った頃に話し合いがまとまり，私が発案したプロジェクトが始まりました．その頃には最初に任されたプロジェ

クトの成果も出始めていたので，PIの方から私の発案したプロジェクトは独立したときに持って行っていいよと言ってもらえました．むしろ，持って行っていいからアメリカでPIをめざさないかとすすめられるようになりました．留学後の早い時期に新しいプロジェクトについて議論する機会を持ったことは，自分の将来の可能性についても早い段階で考えてもらえることにつながったので良かったなと思います．その結果，主導したプロジェクトを通して若手研究者を対象としたグラントを3つ獲得することができ，独立を本当にめざすことになりました．自分なりの結論ですが，留学前から所属するラボのことを可能な範囲で学んでおくこと，PIの業績や研究に対する考え方を早い段階で把握しておくこと，自分のやりたいことや興味のあることをきちんと持っておくこと，任された仕事はきちんと精一杯努め，より良い研究にするための提案を怠らないことが大事かなと思います．

大学院生になる前は子どもを出産したばかりだったので，大学院生になることを許可されないかもしれない，誰も指導してくれないかもしれないといつも悪い方向にばかり考えていました．留学に関しても，夫のキャリアを止めてまで留学について来てもらっていいものか，子どもはアメリカでの生活を受け入れてくれるかなどと心配ばかりしていました．ですが，今振り返ってみるとそれでもやってみようという一つひとつの小さな一歩が今の研究成果につながっているように思います．新しいプロジェクトが始められるか，独立を支持してもらえるかはそれぞれPIの考え方によって左右されるかと思いますが，時には自分の知らなかった将来の道筋を示してもらえることもあるかもしれません．私としては，自分のめざしたものが見出せるような研究を続けていくことを，これからも大切にしていきたいなと思っています．

Column
4-4

『サイエンスを遊ぼうの会』
ヒューストンでサイエンスを楽しむ

西田有毅（テキサス大学MDアンダーソンがんセンター）

　自分の知らない研究領域を，海外の地で，母国語で学べるとしたら，科学研究に従事する者としてとても刺激的なことだと思いませんか？

　初めまして．私たち『サイエンスを遊ぼうの会』は，2018年12月に有志の少人数でスタートした，テキサス州ヒューストンをルーツとするサイエンスコミュニティです．2024年8月現在110名以上の方に登録いただいています．ほぼ月1回，毎回違う研究分野の講師を招いて勉強会を行っています．留学をしていると，自分の研究領域に該当するセミナーは多数参加することと思いますが，分野の垣根を超えた研究内容は，実はあまり触れることがないのではないでしょうか．自分が全く知らない分野に，海外の地で，しかも母国語で触れられたら，研究者としての知識の幅や，思いがけない発想などにもつながるかもしれません．また逆に，講師として発表する方々にとっても，これまでにない発想や質問など，自身の研究に役立つアイデアなどが得られる良い機会となっています．これまで50回近い勉強会にお招きした講師の方から，今まで考えたことがないアイデアをもらったという感想も，よく寄せられています．

　この勉強会の設立のきっかけは，当時テキサス大学ヒューストン健康科学センター（UT Health）幹細胞研究所に所属されていた吉本桃子先生（現・ウエスタンミシガン大学，**Column 5-4**も参照）からの「勉強会をやってみない？」という一言でした．しかしながら当初は，どこで，誰と，どのように始めたら良いのか，見当もつかない状況でした．とりあえずは，①事前の勉強は不要で気軽に参加できること，②参加することで何かインセンティブがあること，という2つだけを決めて，声をかけたら参加してくれそうな人だけで（第1回は5名でした），発起人の私が大学院時代の研究テーマで話をして開催しました．食事つきの発表とディスカッションを趣旨とし，テーマについては研究手法を議論したり，今後の方向性を一緒に考えたりととても有意義だったのですが，それ以上に，テーマとは

関係ない，参加メンバーのラボ裏事情や，研究生活の中での悩みなど，雑談の方が盛り上がりました．その時に「議論が脱線して関係ない話が出てきた方が，時に楽しく盛り上がれる」という気づきがありました．この手応えがあったため，毎月1回勉強会を開催する運びとなりました．ごく簡単なルールとして，開催と参加のハードルを下げるために，①講師の自己紹介と分野紹介にしっかり時間を取る，②集まりやすい場所を使う，③質問時間には脱線や雑談を大いに歓迎する，④楽しむ（これが一番重要）．これだけを決めて，現在まで続いています．

2020年から始まった新型コロナ感染症のパンデミックから，オンラインミーティングに切り替えたのですが，これによってヒューストンから日本へ帰国された方も参加できるようになり，現在はヒューストン外部の講師の方もお招きできる勉強会プラットフォームへと進化しています．3周年を迎えてからは，周年記念として特別講演会を開催し，分野も場所も問わない学びの場として変化し続けています．興味深いことに，最近では日本で大学院を修了し，ヒューストンで職を得た海外出身の研究者が，「また将来日本で働きたい」というモチベーションから，私たちの会に参加してくれています．現在その文化・歴史的ユニークさと日々の生活のクオリティの高さが，旅行者から非常にポジティブに受け止められている日本において，そういった新しい形の人的交流が実現するかもしれないと期待しながら，また今月も，新たな研究分野との出会いを楽しみに，次回の勉強会を計画しています．

文責は，テキサス州ヒューストンにある，MDアンダーソンがんセンターで白血病治療の研究途上の，西田有毅でした．私たちの活動に興味を持たれた方は，UJA Gazette（海外日本人研究者ネットワークのニュースレター）[※1]の第8号に寄稿した記事も参考にしていただき，参加希望の方はお気軽にfunyayuki@gmail.comまでご連絡ください．

※1　https://www.uja-info.org/gazette

Column 4-5

プロジェクトが計画どおり進まない！

小川優樹（ベイラー医科大学神経科学部門）

　私が所属するベイラー医科大学のMatthew Rasband研究室では，ニューロンの軸索，特に軸索起始部の構造について研究をしています（2章のインタビュー（p.44）も参照）．2018年6月の留学開始時には「軸索起始部タンパク質の転写メカニズムを解明する」というプロジェクトをRasband先生に提案されました．魅力的なプロジェクトではあったものの，私自身とラボにはこの分野に関するノウハウがありませんでした．プロジェクトは手探りで進めたものの難航してしまい，半年ほど経ってもあまり良いデータが得られませんでした．研究室では，週に1回1時間，PIとの1対1のミーティング時間があり進捗を話します．そのため，うまくいかない実験は早めに切り上げて，別なテーマに移ることができます．一方で，PIから強制的にプロジェクトを中止しろと言われることはなく，「今のプロジェクトを続けたいなら続けるのは自由だけど，よく考えて進めるように」ということをよく言われました．私の場合，最初のプロジェクトが難航しているとわかると2つ新しいテーマの提案がありました．

　新しいテーマの一つ目は他のグループからの論文を起点にしたもので，「核膜孔複合体を形成するあるタンパク質が軸索起始部にも局在する」という報告の再現性を確認したうえで，このタンパク質の局在メカニズムを解明することになりました．この研究も運の悪いことに予想外の方向に進み，実験を進めるうちに元の論文で用いられた抗体が既知の軸索起始部タンパク質と交差反応を示すことがわかりました．ただ，たとえネガティブデータであっても他の研究者が同じ実験に時間を費やさないためにこの知見を報告する価値があるとPIとともに判断し，COVID-19のロックダウン中の期間を利用して論文化し[1]，これ

※1　https://pubmed.ncbi.nlm.nih.gov/33536249/

が留学先からの1報目の論文となりました．ちなみにこの仕事はJournal of Cell Science誌のFirst personというインタビュー記事でハイライトされ[※2]，思いどおりの結果が出なくても論文にすることの重要性・価値を再認識することができました．

PIから提案された二つ目のプロジェクトは新規の軸索起始部タンパク質を見つけるためのスクリーニング方法の開発でした．これまで当研究室ではプロテオーム解析で得られた候補タンパク質に対する特異的抗体を用いて局在の確定作業を行ってきましたが，上記のような抗体の交差反応の問題など解決すべき課題が多くあり，より特異的で効率的な方法の探索が望まれていました．そのような中PIから，蛍光タンパク質のノックインにより候補タンパク質の局在を検討することができないかと打診されました．さまざまな試行錯誤のうえ，アデノ随伴ウイルスベクターとCRISPRを組合わせた手法に行き着き，Contactin-1という新規軸索起始部タンパク質を発見することができました．この知見は2022年の12月にプレプリントとしてbioRxivへアップロードしつつ，査読雑誌に論文を投稿しました．当研究室のbioRxivの利用はこの論文が初めてでしたが，掲載からしばらくしたところで，他大学のグループから共同研究の打診があり，いち早く実験データや手法をシェア

することのメリットを感じました．本論文は無事2023年の10月にアクセプトされ，私のこれまでの筆頭著者としての仕事の中で最もハイインパクトなものになりました[※3]．

この研究の過程で得られた遺伝子編集技術は他のラボにはない強みとなり，現在では6カ国の，10以上のグループと共同研究を行っています（アメリカ，アラブ首長国連邦，イスラエル，フランス，日本，中国）．またこれらの成果がきっかけとなり私は2021年の12月にポスドクからResearch Assistant Professor（RAP）[※4]に昇進することができ，ある程度独立的な立場で研究ができるようになりました．その証拠に，現在までに3報の共同研究論文がアクセプトされていますが，うち2報はRasband先生の名前が載っていない論文になっています[※5〜7]．一般的にはRAPに昇進した後も論文を発表する際は引き続きPIの名前を入れることが多いと思いますが，Rasband先生はなるべく多くの独立した業績を出せるようにサポートしてくれています．そのおかげで2024年に米国サウスカロライナ大学から独立ポジションのオファーをいただき，2025年1月から自身の研究室を立ち上げる予定です．非常にいい指導者に恵まれたと感謝しています．

私は以前から他の人にできない特殊技術を

※2　https://doi.org/10.1242/jcs.258526
※3　https://pubmed.ncbi.nlm.nih.gov/37884508/
※4　米国のアカデミアにおいて日本の助教に近いポスト．詳しくは5章を参照．
※5　https://pubmed.ncbi.nlm.nih.gov/37578754/
※6　https://pubmed.ncbi.nlm.nih.gov/38081810/
※7　https://pubmed.ncbi.nlm.nih.gov/38128479/

身につけている研究者に憧れていました．留学を始めた頃は，どのような形で自らがその一員になれるかなど想像もできませんでしたが，結果としてニューロンに対する高度な遺伝子編集技術を身につけ，研究者としてのアイデンティティーを構築するに至りました．うまく実験が進まない期間も長かったですが，ピンチをチャンスに変え，めざす研究者像へしっかりと進んでいくことが大事なのかなと思っています．

Column 4-6

前任者との再現性がとれなかったときにまず考えること

松本康之（ベスイスラエルディーコネスメディカルセンター / ハーバード医学院）

　"大阪の芸人は二度売れなければならない"[※1]
　皆さん、これまでにこんな格言を聞いたことがあるかもしれません。実は研究者にもこれが当てはまり、博士課程を修了した人の多くは、他研究機関で第二の研究人生を歩んでいくことでしょう。新しい研究環境では実験機器や試薬、新しく学ぶ実験手法など、大なり小なり変わってくるため、それらを自分の手に馴染ませる必要があります。そのうちで最も時間がかかるものに、"前任者とのデータの再現性の有無"が挙げられます。この経験をした研究留学生は、（私見で）およそ50％以上を占め、その多くは前任者のサンプルを使ってアッセイしていた人がほとんどでした。では、一から自分の手でサンプル調製すれば良いのですが、過去の実験ノートやラボから発表されている論文を試しても全然上手くいかない、ということがよくあります。これは世界的に問題視されていることなので、どうか取り乱さないでください（〜90％の実験は再現不可能？[※2, 3]）。そしてそれは、私にも当然のように起こりました。当時、ラボ在籍の浅い私が何を言ったとしても、留学先のボスは前任者（助教相当、すでに異動）を信用するので、全く聞く耳を持ってくれませんでした。私の英語が拙すぎたため、何でできないのかをラボメンバーにも理解してもらえませんでした。それでは、この状況下を抜け出すために行った3つのことをご紹介します。

ラボにいる"現メンバー"で一番の腕の良い人を見つける

　どのラボにも現場を回しているボスの右腕がいます。ここでは実験の腕が良い、そしてボスとのコミュニケーションが巧い人です。私はこの人にまとわりつき、毎朝ディスカッ

[※1] 大阪で地位をきわめた芸人が、再び東京で成功することで、晴れて全国区へと知名度を轟かすことができる、の例え。
[※2] https://pubmed.ncbi.nlm.nih.gov/23698428/
[※3] https://pubmed.ncbi.nlm.nih.gov/22460880/

ションし，データ取りと実験方法の確認を行いました．また，発表スライドには"Work with ○○（彼の名前）"と表記することで，ボスの安心感を得ると同時に，私が質問に答えられなかったときに代わりに彼が説明してくれ，その場を凌いでくれました．

ボスに逐一データを報告する

ボスはコミュニケーションを非常に重んじる人だというのがわかっていたので，週1回のミーティングを待たずに，毎日Emailでデータの報告をしました．また，いつでもボスに呼び止められても良いように，15分おきにEmailチェック，スライド準備とプレゼン練習をしました．

ボスが何を求めているか，会話の表裏に敏感になる

私のボスの場合，実験結果の良し悪しにはあまり関心がなく，"仮説−実験アプローチ−結論"をどうプレゼンするか，について注目する人でした．そのため，ミーティングでは，実験結果だけでなく，"1週間どれだけサイエンスのことを考えていたか"ということを見せる場だと学びました（ボスは直接言わないけれど）．多くのポスドクはそれなりに腕があ

るので，"ここまで結果が出たらまとめて報告しよう"という気構えがあるように思えます．しかしながら，私のラボではこれは全く通用せず，週1回のミーティングで"I don't have any slides today but will update next week."と言うポスドクたちはもれなく半年以内にいなくなりました．

以上のことを半年間行ったことで，前任者との再現性問題は，①実験ノートや論文データを自分の手でも再現できた，②私がこれから使用する類似分子では結合様式が異なるため，前任者の方法では再現できなかった，③ボスの右腕の彼と私が試した新しいアッセイ法は，過去の再現性はもちろん，今回の実験でも上手くいくということを提示でき，晴れて泥沼から脱却できました．

最後になりますが，本コラムを一言でいってしまえば，"他者に理解される人間になること．そのためには相手との距離感や温度差に敏感になる"ということです．この"外国人の懐に入る"マインドセットについて，『実験医学』2021年6月号（Vol. 39 No. 9）[※4]のラボレポートに寄稿していますので，ご興味あればご一読ください．

※4　松本康之：実験医学, 39：1437-1440, 2021

Column 4-7

留学先でのトラブルに対処する
泣き寝入りをしないために

嶋田健一（ハーバード・メディカル・スクール）

　私は日本で修士課程を修了した後，ニューヨークのコロンビア大学生物学科で博士課程に進学し，卒業しました．その後，ハーバード大学医学部で5年間ポスドク研究員として研究を行い，2020年末からは同大学で複数のラボが行うトランスレーショナル研究に従事しています．私が『実験医学』2022年5月号に寄稿した「ポスドク留学のための失敗しないラボ選び」という記事では，アメリカにおけるラボを3タイプに大別し，自分の研究スタイルに適したラボ選びがいかに重要かを説明しました．しかし，留学の成功はラボ選びだけで決まるわけではありません．現地に行ってみないとわからないことが多く，どれだけ研究に本気で取り組んでいても，留学の継続を困難にする予想外のトラブルに巻き込まれることがあります．今回は，そういったトラブルに遭遇した際の対処法について，私の経験をもとにお話しします．

Ph.D.プログラム中のラボチェンジ

　私の博士課程での経験は，出だしから困難に直面しました．1年目のローテーションを経て，2年目に正式に所属したラボでは壮大なプロジェクトを任されました．しかし，そのプロジェクトの大前提である前任者が残したデータの再現性に大きな問題があり，何十回と条件検討し追試しても成功しない状態に陥りました．渡米直後の語学力の問題もあり，所属していたラボの教授との信頼関係が徐々に失われ，2年目の終わりには新たなラボを探すよう言い渡されました．博士課程の途中でラボを変更することは聞いたことがなく（注：後になって，実は，割と一般的なことだと知りましたが），すぐに新たなラボを見つけることはほぼ不可能だと思っていました．というのも，ローテーション期間中は学生の給与は学科から支払われますが，この期間が終わると，給与の支払いは各ラボのPIに移ります．未知の学生に対して数年間の給与を約束することは，ラボにとって大きなリスクとなり得るため，通常，PIはこのような状況を避けたがるものです．しかし，友人や他のラボの教授，事務員の方々がサポートしてくれ，

Departmentがもう一度ローテーションの費用を出してくれることになり、新しいラボを見つけることができました。この経験から、「留学生はただ研究をしていればいいわけではない」という大きな教訓を学びました。

研究におけるコミュニケーションの大切さ

大学院でのラボ変更は私の留学生活における最大の事件でしたが、それ以降も、常にコミュニケーションの重要性を感じています。現在、私は大学付属の病院で行われている臨床試験の患者サンプルを解析し、薬の有効性に関連するバイオマーカーの同定を行っています。このようなトランスレーショナルな研究は、複雑でコストもかかるため、治験をリードする医師とメカニズムを解析する基礎研究の複数のラボがチームで進めることが一般的です。私はデータ解析の専門家として雇われ、参加しているPIへのフィードバックを行っていますが、共同研究では、特に自分から意見を発信していくことが求められます。現代の科学研究はコラボレーションなしには成り立たないほどになっており、アメリカのラボで共同研究のやり方を学ぶことは、将来どこの国で研究生活を送る場合でも非常に役立ちます。

不測の事態に備えて

アカデミアへの研究留学では、人間関係はラボ内に限定されがちですが、それにより留学生は理不尽な事態に遭遇することがあります。突然の解雇、上司や同僚からの不当な扱い、アカハラ、パワハラ、セクハラ、人種差別、不正行為の強要など、特に英語ネイティブではない留学生は、いきなりこのような困難に直面した場合、泣き寝入りすることが多いです。しかし、海外では、黙っているだけでは事態が好転することは稀で、多くの場合自分の権利を主張して戦う必要があります。そして、問題が深刻化する前に早めに対応することが大切です。対応するうえで重要なのは、自分を守ってくれる人たちがいることを知ることです。

トラブルに遭った場合や巻き込まれそうになった際は、まず友人や同僚（特に似た境遇の留学生）に問題を共有しましょう。また、多くの研究機関には、匿名で（ボスや同僚に知られることなく）相談に乗ってくれる機関が存在します。International Scholars' Office（ビザや留学生活に関する悩み、留学生コミュニティ探索など）、Research Integrity Office（ラボ内での自分が加担させられそうな不正行為について）、Equal Opportunity Office（人種差別、性差別について）、Ombuds Office（上記を含めたさまざまな問題について）など、問題に応じてさまざまな事務局が対応してくれます。また、どのオフィスに相談すれば良いかわからない場合は、1つに相談してみれば、適切な人・部署につないでくれるはずです。問題が起こる前に、自分の研究機関が提供するリソースを知っておきましょう。大学院生やポスドクを含むTraineeはさまざまな手段で守られていることを知ることが大切です。留学をめざす皆さん、また留学中の皆さんが、この情報をもとに充実した留学生活を送れることを願っています。

4章 留学前後・ラボでの立ち居振る舞い

Column 4-8

急な解雇通告でどうする？

田守洋一郎（京都大学大学院医学研究科）

　2006年の初夏，まだ涼しいニューハンプシャー州の山間にあるレバノンという小さな田舎町のいわゆるハローワークのような場所で，私は着古された服を身に着けた中年男性数人と一緒にスタッフの説明を受けていた．アメリカに来て1年と少し，まだそれほど英語を聞き取るのが得意とはいえず，係の人の話を聞き漏らさないよう一生懸命に聞いていたのだが，得られた情報は失業保険に申請するための一般的な説明だけだった．自分は就労ビザを持った外国人なので，地元の失業した人たちとは当然事情が違う，ということで，一通り説明会が終わってから，説明してくれていたスタッフのところへ行って自分の状況を話したところ，たぶんあなたのビザでは失業保険をもらう権利はないと思う，とあっさり言われた．まぁそうだろうとは思っていたけど，ちょっとがっかりした．しかし，そもそもJ-1ビザで無職になってしまうと違法滞在になるのではないか，という心配の方が大きかったことを覚えている．

◆　　◆　　◆

　その数日前，自分がポスドクとして研究していたダートマス大学のラボのPIから「実はもう来月から給料を出せないから，今月末でラボを出て行ってもらえるかな」と言われたのだ．突然の解雇通告．猶予が2週間しかない状況で，急な話にびっくりさせられた．ちなみに解雇といっても，私のパフォーマンスが特別悪かったわけではないはず．当時のボスはまだダートマス大学でラボを持ったばかりで，1人目のポスドクとして自分が加入してからの1年間，ラボの立ち上げのために随分尽力したと思っていたし，実験系が動き始めたのを確認できたときは大喜びしたボスと2人で顕微鏡の前で乾杯した良い思い出もある．実際，自分ともう1人いたポスドクのモリーも同じタイミングで解雇通告を受けており，彼女はかなり怒っていた．

　この話を聞かされたら，たいがいの方は，研究者のキャリアとして大ピンチじゃないかと思うだろう．自分も今そんな話を聞かされたらそう思う．実際，その解雇通告の4カ月ほど前に長女が生まれたばかりだったし，早

く次の仕事を見つけないといけないという焦りはあったのだけど，意外と自分としては大ピンチというよりも，1年間を費やしたラボの立ち上げとともに研究の基盤もようやく整ってきたところだったので，それを続けられない残念な気持ちの方が強かった．研究テーマとしては本当に面白いと思っていたので．

まぁでもそうなってしまったのは自分の責任ではないし，次を探すしかないわけで，落ち込んだりする理由もない．ということで，ボスには「とりあえず無給でも良いから次のポストが見つかるまでラボにいさせてくれ」と言って，その日から実験の傍らポスドクの求人サイトとか興味あるラボのウェブサイトとかをチェックしまくって，アメリカとヨーロッパのいくつかのラボにポスドク受け入れの可能性を打診するメールを送った．ポスドクの募集なんて探せば世界のどこかで常に出ているもので，探しているうちに次はどんな面白い研究ができるだろうかとだんだんワクワクしてきた．結局，こちらから送ったメールに脈がありそうな返事を返してくれたのが，南カリフォルニア大学（USC）とフロリダ州立大学（FSU）の2つのラボだった．USCの方はマウスを使って心臓の発生を研究しているラボ，FSUの方はショウジョウバエを使って卵の極性形成や細胞周期制御の研究をしているラボだった．ニューハンプシャーのきれいな星空を眺めながら，あぁ今自分は人生の岐路にいるなぁと実感したことをよく覚えている．どちらの道を選ぶかは自分に委ねられていて，どちらを選ぶにしても，この選択によって自分の今後の研究だけでなく自分の人生，そして家族の人生までもが全く違ったものになるに違いないのだから悩まないわけがない．

結局，FSUのショウジョウバエのラボへ行くことにしたのは，やはりダートマス大学のラボでショウジョウバエを使った研究に慣れ始めたところだったということもあるし，研究テーマがより自分の好みに近かったこともある．また，USCのラボのPIは，面接をしないうちから結構採用に前向きで，すぐにでも労働力が欲しそうな感じだったのに対して，FSUのPIは，長い電話面接をした後に，さらにダートマスのボスとも電話で話したりしてかなり慎重に選んでいる印象があった．

あれから18年ほど経って，自分は今，日本の大学で准教授として自分の研究グループを持っている．あのとき予感していたように，FSUでのポスドクとしての経験は自分の研究キャリアにおいて最も重要なものになったし，その後の自分の人生を大きく変えたと思う．FSUで取り組んだ研究はいずれもその後の自分独自の研究のベースになったし，FSUのポスドク期間に出会えた多くの方々との関係も，今の自分の研究の方向性に大きな影響を与えている．

今でも時々，夏のニューハンプシャーの星空の下で人生の岐路に立ったあの夜のことを思い出すことがある．フロリダへ行くことを選んだのは自分だけど，不思議に思うのは，あのときボスの研究費がなくならずにあのままダートマス大学で研究を継続することができていたら，今の自分はないということ．ち

4章 留学前後・ラボでの立ち居振る舞い

なみにあのとき一緒にクビを切られて怒って
いたモリーは，その後ダートマス大学の線虫
のラボでポスドクをしたあと，かの有名なCold
Spring Harbor LaboratoryでPIとして研究室を
主宰している．おそらく彼女にとっても，急
に解雇されたあの事件は，彼女のその後のキャ
リアの方向性を変える大きなステップになっ
たはずだ．人間万事塞翁が馬，と言ってしま
うと教訓にもならないけど，大事なのは，思
いもよらぬ運命であっても行き着いた場所で
また新たな出会いがあって，人との出会いが
自分の人生を変えていく大きな可能性を持っ
ているということである．

◆　　　◆　　　◆

追記：なお，ちょうどこのコラムの原稿を書
き終えた後，筆者はアメリカのルイジアナ大
学（University of Louisiana at Lafayette）から
オファーをもらい，2025年からアメリカへ
戻ってPIとして新しくラボを持つことになっ
た．現在の准教授としてのポストは任期つき
ということで次のポジションを探していたの
だが，この直前には日本のとある国立大学の
教授選に呼んでいただいたものの最終段階で
断られていたこともあり，塞翁が馬という言
葉を再度噛み締めることになった次第である．
今後，アメリカ大学院留学を考える方々に対
し，必要であれば喜んでサポートさせていた
だきたいと思います．

Column 4-9

スイスからアメリカへ夢を追いかけて

石原　純（インペリアル・カレッジ・ロンドン）

はじめに

　私は日本で博士号を取得後，スイス連邦工科大学ローザンヌ校（EPFL）に博士研究員として就職，その2年後にラボの移動でシカゴ大学に移り，シカゴで4年博士研究員をしました．その後，2020年にイギリスのImperial College LondonでPIの職をコネなし公募で得ました．日本での博士課程時代は，やる気はあったものの成果が大して出ませんでした．飲み会に時間を費やして，ついには東京・四谷のサイエンスバーのオーナーになるほどでした．今回はスイスからアメリカにラボ移動した話をしたいと思います．

ラボ選び

　多くの卒業生が独立して活躍していること，研究内容が実用的で面白いことが最優先でJeffrey Hubbell教授のもとに応募しました．100通メールを毎日送って返事をもらい，面接はオンラインで行われ，そのときに実はいずれシカゴに異動するんだ，と言われ驚きました．研究室は移行期であり，スイスにもシカゴにもラボがあるため今すぐ参加するならどちらに来たいのかと聞かれ，ヨーロッパに住みたかったのでスイスに行きたいと即答しました．

スイス時代

　研究内容が博士時代と全く違うため，何もわからず，毎日朝晩必死に勉強しました．アメリカ人の話す英語は速いので，非英語圏のスイスで海外生活を始めることができて助かりました．実験がうまくいかないときはスイスのきれいな景色を見て気分転換をしました．私は就職の面接のときにテーマを自分で提案しており，そのテーマが軌道に乗った頃に，教授からスイスのラボを閉めるから早くシカゴに来いと言われました．ラボの人たちはアメリカに住むか，就職をするか，起業をするかの三択を迫られ，いつも議論していました．私は背水の陣の研究者でしたのでアメリカ行きを選択しました．ちなみにこのとき起業を選択したラボメートは全員大成功を収め，3社が臨床試験の第2相まで進んでいます．

シカゴ時代

　スイスが好きだったので，研究室がシカゴに移ることは嫌でしたが，行くとシカゴの良さに気づきました．注文した試薬が大体翌日には届くこと，研究費がとても潤沢であること，動物実験の倫理委員会の審査がスイス（〜4カ月）に比べ速い（〜1カ月）こと，アメリカの学会に時差ぼけがなく簡単に参加できることなど，さまざまなメリットを感じました．ラボ移転に伴うセットアップは大変で，チームを組織し，自分勝手にやるラボメンバーに指示を出す必要に迫られました．しかし，今思うとシカゴの第1期生としてラボの立ち上げをした経験がイギリスでPIになったときに大変生きました．

日本と欧米の研究の違い

　欧米に移ってから，人間は時間が限られていることを認識し，書類と手間を省く努力をしました．ネズミの世話や組織切片を切るなどの単純作業は担当者がしてくれます．また，海外では日本より博士研究員が尊敬され，高い地位と給料に恵まれます．また，家族と時間を過ごすことがかっこいいという価値観を学びました．Hubbell教授の指導方法は，いい意見は誰からでも取り入れ，個人の自主性に任せていました．年齢など気にせずにフラットに議論ができることが欧米の強みです．また欧米では共同研究もさかんで，ラボ間の垣根が低く，新しい分野への投資もさかんです．

アドバイス

　読者の方に海外留学に挑戦するべきかと聞かれたら，一概には言えないというのが私の答えです．私の場合，研究予算を獲得して日本への就職活動をしたのですが，選考委員に圧迫面接をされ，オファーを得ることはありませんでした．しかし，私は海外で研究や生活をして毎日楽しいです．すでにテニュアを獲得したので海外生活は長くなりそうです．海外研究は，やるからには全力でやってみることを勧めます．東京で暮らしていたときは，自分の代わりの人材はいくらでもいると思い，狭く競争的な社会で余裕なく，常に人と比べていました．いろいろな場所に行くと，自分は自分という特別な存在で，自分の人生は自分が主人公なんだ，と気づき人生が楽しくなりました．世界共通語は英語ではなく，笑顔とマナーです．

Column 4-10

留学をしないという「選択肢」

中村能章（国立がん研究センター東病院）

　私にとって海外留学は中学生の頃から一つの憧れでした．しかし，決して家庭が裕福ではなく，かといって他のものを投げ出してまで達成したいという夢でもなかったため，学生時代に実現することはありませんでした．医師になってからは，医局に入っていれば大学院で研究中または卒業後に留学するということがあったかもしれませんが，私は医局に所属しなかったためそのような機会もなく，周りにもそのような経験をした方があまりいませんでした．そして何より以前は英語がとても苦手で，文字通り一言も話すことができなかったため，留学して研究したり診療したりしようという気概もありませんでした．

　一方，私は卒後3年目より3年間亀田総合病院にて腫瘍内科医としてのトレーニングを積み，診療に没頭しました．そしてがん克服という目標を胸に卒後6年目より国立がん研究センター東病院にて臨床および臨床研究に勤しみ今に至ります．私がここ10年間でさまざまなプロジェクトを立ち上げ，インパクトが高いジャーナルの論文の筆頭著者や共同筆頭著者を務めたり，臨床治験のglobal PIを担ったりと，多く業績を積み上げることができています[1～4]．私が留学をせずにこれら業績を挙げてこられたのは，「最も頭と体を動かせる30代」に「没頭できるもの（私にとってはリキッドバイオプシーとcancer precision

---

※1　https://pubmed.ncbi.nlm.nih.gov/33020649/
　　→リキッドバイオプシーの一つであるcirculating tumor DNA（ctDNA）の遺伝子プロファイリング研究GOZILAを立ち上げ，組織プロファイリングと比較した研究．

※2　https://pubmed.ncbi.nlm.nih.gov/34764486/
　　→HER2陽性大腸がんに対するペルツズマブ＋トラスツズマブの医師主導治験TRIUMPHの結果報告．日本での薬事承認も達成．

※3　https://pubmed.ncbi.nlm.nih.gov/36646802/
　　→切除可能大腸がんの術後ctDNAによる再発リスクを評価する観察研究CIRCULATE-Japan GALAXYとそれに伴う前向き臨床試験VEGA．

※4　https://pubmed.ncbi.nlm.nih.gov/37751561/
　　→HER2陽性固形がんに対するツカチニブ＋トラスツズマブのバスケット試験の胆道がんに関する結果報告．

medicine)」があり「支えてくれる環境（私にとっては国立がん研究センター東病院）」に身を置くことができたことが最大の理由です．研究において最も重要なことの一つは「一人でできることはほとんどない」ということをしっかり認識していることです．一つの臨床研究を行うにしても，研究にかかわる法規制的/倫理的問題を認識しマネジメントできるスタディマネージャー，データを管理するデータマネージャー，データ解析を行う統計学者やバイオインフォマティスト，現場で研究を担当するコーディネーター，契約を司る法務部門，研究資金提供者，施設内外研究者等，さまざまな分野の人財による「チームビルディング」が不可欠ですが，国立がん研究センター東病院は院内に研究を支援する人財が整備されており，また国内外の研究機関と連携しています．そして私のメンターである副院長の吉野孝之医師は国際的にも有名であり，私を積極的に海外との研究にコミットさせてくれました．私が上掲した業績も国内で完結した研究は全くなく，すべて海外との共同研究から成し遂げられたものになります．国立がん研究センター東病院を選んだのは私の必然でしたが，このような環境に恵まれ，素晴らしい関係者たちと出会えたことは偶然です．私の業績もまた必然と偶然の賜物です．

なお，海外との共同研究で避けて通れない問題は英語になります．前述のように私は一言も英語を話すことができませんでしたが，研究をしていますと否が応でも海外研究者と話す機会というのがあります．そのため，私も一通り，オンライン英会話，英単語集，英作文テキスト，ビジネス英会話の本で毎日コツコツと勉強しました．しかし，何よりも必要なのは実践です．忘れもしないのが，上司からの紹介で初めて外国人相手にオンラインで研究を提案する機会をいただいたのですが，丁寧に英語原稿を読んで説明したところ，同席したその上司から「原稿なんか読むな」と一喝されました．いくら正しい英語が書かれた文章を読んでも，自分の気持ちは一切伝わらないということをそのとき思い知りました．それからは，原稿なんかは読まずに，常に実践あるのみということで，毎週外国人研究者と会議の場を自らつくったりして，必然的に英語を話さなければいけない機会を創出してきました．ただし，海外学会で英語プレゼンテーションをするときは原稿をつくって最初から最後まで一言一句覚えています．これは海外の一流研究者の先生も実践されているからです．ネイティブの方々でさえそうされているのに，自分がしなければ絶対に海外に勝てるプレゼンテーションはできません．私は原稿を遅くとも1カ月前にはつくって，何百回と練習して，当日は一切画面を見ずに聴衆を見ながらプレゼンテーションをすることを心がけています．

今になってわかることは，日本語で話せないことは英語でも話せないですし，逆に何とか伝えたいことがあれば無理やりでも英語で伝えられるということです．つまり英語を話すには自分の意思が何より大事であると思います．あるとき，私は海外に拠点を置く企業主導の国際共同治験でひょんなことからglobal PIを務める機会がありました．日本からはたった1人のglobal PIで，他の日本人の後ろ盾はありませんでした．しかし，重責を任せられたからには，絶対にこの試験に全力で貢献し

ようと，さまざまな活動を行った結果，日本が患者登録数1位を獲得しました．しかし，実際の学会発表の演者や論文発表のauthorshipの話し合いになった際に，すでに企業と米国の著名な研究者の間で知らないうちに交渉が進んでいる雰囲気を感じました．ここまで日本が頑張ったにもかかわらず，われわれの貢献がはっきりとした形で認められなければ，尽力いただいた日本の各施設の先生方，そして参加いただいた患者様たちに顔向けできないという責任感から，企業の代表者およびglobal PIたちの前で，本プロジェクトにおける日本の貢献をしっかりと評価すべきであること，われわれ日本人のauthorshipが優先されないことはおかしいということを滔々と訴えました．その主張が認められた結果，幸運にも私はその試験の学会発表および論文のfirst authorおよびcorresponding authorを共に務めるに至りました※4．このとき，「伝えたいこと」「伝えなければならないこと」をしっかり持つことで，globalにもプレゼンスを示せることが実感できました．日本の国際的な研究力や地位の低下が昨今懸念されていますが，われわれ日本人研究者は自分の最大限の努力をしたうえで，その成果や貢献をしっかり世界に向けて主張することで，日本のプレゼンスを示し続けなければいけません．

以上，私は決して「留学せずに留学する以上の成果を成し遂げよう」という積極的な理由で留学をしなかったわけではなく，「留学するきっかけや勇気がなかった」のと「国内で夢中になれるものがあった」ため，消極的に留学しませんでした．ですので，勇気と目的をもって海外留学をされている研究者の皆さまを私は心の底から尊敬しています．私が強調すべきは，「国内だけで良い研究が完結できることはきわめて少ない」ため，「海外といかに協調できるかが重要」だという点です．私は国立がん研究センター東病院という環境にいたため留学しなくても海外と協調することができましたが，その環境をつくってくれたのは先人たちです．他人事のように聞こえるかもしれませんが，いま留学されている研究者の方々がこれからも日本にこのような環境をどんどんつくっていってくださることを私は切に願います．

そんな私も2024年には40歳を迎え，自分のことだけを考えると何か新しいことに取り組むには慎重になる年齢になってきました．しかし一方，人生仕事だけではありません．特に自分には幼い息子がおります．これだけ不確実性が増す社会において，日本だけでずっと教育を受けることが必ずしもいいとは思えません．また，私の研究者人生において，私をexciteしてくれるのは常に海外の研究者との経験であり海外の技術でした．2023年に行われた東京大学学部入学式祝辞における馬渕俊介氏（グローバルファンド）の「現状に留まることのリスク」という言葉が最近私の頭から離れません※5．今後の人生でどのような「選択肢」を選ぶべきかを，さまざまな方々の話を今後も参考にしながら，私自身も考え抜きたいと思います．

※5　https://www.u-tokyo.ac.jp/ja/about/president/b_message2023_03.html

5章

海外のアカデミアで活路を見出す

山田かおり（イリノイ大学シカゴ校医学部薬理学科, 眼科）

　世界の各地からポスドクとしてアメリカに集まってくる若者たちの多くが，いずれは自分の研究室を持って大学教員・研究者として独立したいと考えています．では，どうすればアメリカで独立できるのでしょうか？ 本章ではテニュアトラック[※1]の大学教員として独立した研究室を主宰している筆者が，アメリカでテニュア教員になるためのいくつかの方法について解説します．これには研究実績を武器に教員職の公募に応募すること，研究費の獲得を経てテニュアトラック教員になることなどの道があります．その中でライフイベントと両立してラボを立ち上げ運営し，それぞれの方法でテニュア獲得をめざします．またテニュア獲得を果たせなかったときのプランBについても解説します．

1 いい論文を出して教員職に応募する

　　アメリカでの独立研究者への王道は，ポスドクもしくは大学院生の間

※1　テニュア制度とテニュアトラック：最近は日本の大学でも採用され始めている制度ですが，大学の無期雇用のポジション（テニュア）を取得するためにはテニュアトラックで採用されるか，他大学ですでにテニュアを取得済みである必要があります．テニュアトラックは，採用後，一定期間内（大学によって5〜10年ほどの幅がある）に研究・教育・臨床などの業績を上げ，審査を経てテニュアを獲得するシステム．

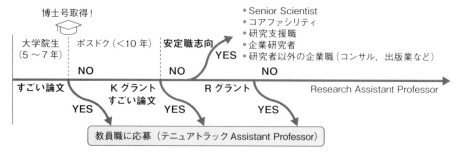

図1 ◆ 博士号取得から教員職獲得までの岐路

に評判の良い論文を出して，就職活動（教員職に応募）をすることです（**図1**）．インパクトファクター[※2]の高い雑誌に出すと多くの人が読み注目を集めますし，信頼性の高い中堅どころの雑誌で手堅い仕事をするのも近い分野の人は注目して評価してくれます．筆者が所属するイリノイ大学の医学部ですと，書類面接を通過してセミナーをする候補者はCell, Nature, Science（CNS）の姉妹誌[※3]を2本ほど持っている人が多いです．大学によって候補者層は違ってきますが，最近リクルートされた若手教員の研究業績を見ることで，どのような業績があればその大学の選考に残ることができるのかがある程度予測できます．トップ大学のポストを狙うにはCNSの論文を持つに越したことはないでしょうが，姉妹誌や中堅どころにしっかりした論文を出し魅力的な履歴書（CV）や応募書類を書くことで充分に就職戦線で戦っていけます（**Column 5-1**参照）．

　大学院生の頃から，いわゆる大御所の研究室で大きな仕事をした人たちは，博士号取得後早い段階で就職市場（ジョブマーケット）に出てきます．また，最近ではNIHのEarly Independence Award[※4]などの早期

[※2] インパクトファクター（IF）：論文の引用数をもとに算出される，各ジャーナルが持つ影響力を示した指標の一つ．高いインパクトファクターを持つ雑誌に掲載された論文ほど影響力が高いと評されることが多いが，単純にIFをもとに論文や著者の質を評価するべきではないことに注意が必要．

[※3] Cell, Nature, Scienceの姉妹誌：Developmental Cell, Nature Cell Biology, Science Signalingといった Cell, Nature, Scienceに掲載されるほどの普遍性はないが，各分野の進展に重要な質の高い論文が多く掲載される傾向にあるジャーナルたち．出版社グループの雑誌の中でも特定の雑誌のみが「姉妹誌」とよばれますので，詳しくは各出版社のウェブサイトをご参照ください．

[※4] NIH Director's Early Independence Award（DP5）．https://commonfund.nih.gov/earlyindependence

独立をサポートするグラントに大学院生時代に応募することで，正規の
ポスドクを経験せずにいきなり独立する若手も出てくるようになりまし
た（**Column 5-2**参照）．就職戦線に出てくる人の多くはポスドクの間に
大きな仕事をした人ですが，後述のように他のルートで業績を積み，独
立することも可能です．なお，アメリカではテニュアトラックのAssistant
Professorは日本の助教と異なり，独立した研究室を主宰し，教授会にも
参加し投票権を持ちます．早くて20代後半や30代前半でテニュアトラッ
クのAssistant Professorになる人もいることを考えると，アメリカのア
カデミア制度は若手に多くのチャンスや責任を与えてくれます．また後
述のようにさまざまな経験を経てからAssistant Professorになる人もお
り，同じ職階でも年齢もさまざま，年齢制限のない実力社会です．

　日本でよく，業績はすごいのにポストがないと嘆いている人がいます
が，海外に目を向ければ多くの公募は出ています．NatureやScienceな
どの公募サイト[5]などにはテニュアトラックの求人がたくさん出ていま
すし，大学の各Department（学科に相当）のウェブサイトにもよく募
集が出ています．業績に自信がある場合はチャンスです．実際アメリカ
国内だけでなく，世界各国から候補者はやってきます．では，いい論文
を持っていればアカデミアのポストは簡単に見つかるでしょうか？　それ
はそうとは限りません．実は業績のすごさより，マッチングの方が大事
です．アメリカの大学ではDepartment Chair（学科長）が長く在任し，
自分が理想とする学科をつくり上げるために有力な候補者をリクルート
しています．**その学科が欲しい人材，今の学科をもっと盛り上げるため
に必要とされる人材，必要とされるスキルや知識・考え方を持つ人材，
そして今の学科にいる人たちとうまく共同研究ができてもっとチームと
しての可能性を広げてくれるような人材**が特に重宝されます．インパク
トファクターの高い論文を持っているけどうちのグループには合わない，
という場合は面接まで進みません．落ち込まないで自分に合う大学・学

※5　Nature Careers（https://www.nature.com/naturecareers/）やScience Careers（https://jobs.sciencecareers.
org/）など.

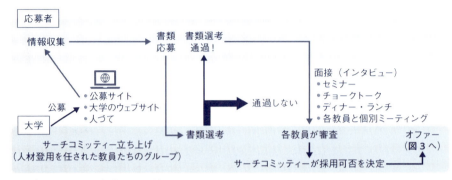

図2 ◆ 教員職への応募から面接まで

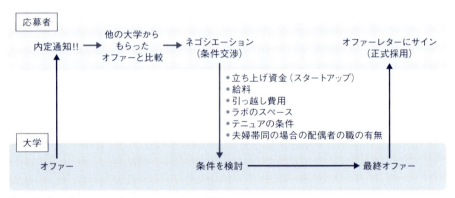

図3 ◆ ジョブオファーをもらってからの交渉

　科をひたすら探し続けるのが肝要です．自分の持つスキルや知識をどう提供できるか，自分が参加することで学科にどんな利益をもたらすことができるのか，相手が求めているものをいかに提供できるのかなど，応募先の特性を調べてアピールする必要があります（**図2**，**図3**参照）．

　では，応募先にぴったり合ういい人材であることを，どうやってアピールするといいでしょうか？このあたりは，シンシナティ大学の佐々木敦朗さんのジョブハンティングを紹介した記事[※6]に詳しく載っていますのでご参照ください．効果的なカバーレターや履歴書の書き方，研究計画・

※6　佐々木敦朗：海外PIのすゝめ Vol.1．https://note.com/uja_career/n/n0ce253dbfebd

指導計画の書き方，推薦書の集め方，面接時の話し方についても詳しく解説されています．

2 そこまですごい論文はないんだけど大学教員になりたい

　中堅どころで手堅い論文を積んできたけれど，そこまでガツンとしたインパクトはない……でも大学教員になりたいんです…… 大丈夫です！なれます．筆者もそうでした．大学によってポストの数が制限されている多くの日本の大学と異なり，アメリカではポストの数に限りはありません．ですので，研究費を獲得すればポストを増やして採用してくれます．

　アメリカで大きな研究費はNIH（アメリカ国立衛生研究所），DoD（アメリカ国防総省），NSF（アメリカ国立科学財団）などの国立機関から主に出ています．生命科学系・医学系は多くの研究者がNIHから研究費を得ています．NIHの最もスタンダードなグラントであるR01を例にとって説明すると，1件あたり約125万ドル〜〔5年間，約1億8,750万円〜相当（1ドル＝150円換算）〕の直接経費に対して50〜100％（直接経費の半額から同額，すなわち約1億円前後！）の間接経費が大学に入ります．つまり，**このような研究費を取ってきた研究者を教員として採用することは大学や学科にとって利益があるので，新たなポストを用意してくれるのです**．また，研究費を取れる教員が多い学科はその分潤うので，次の教員の公募をどんどん出すことで学科自体を大きく成長させることができるのです．

　教員採用の審査時にはこれまでの研究業績以外に将来的に研究費を獲得できる見込みも審査されます．テニュアトラックのAssistant Professorには3,000万円〜3億円のスタートアップ費用が用意され（大学や学科によって幅がある），研究室の立ち上げを資金的にサポートしてくれますが，実はそれは今後どんどん研究費を取ってきて間接経費で返してくれ

表◆NIHの主な研究費・フェローシップ

	直接経費	期間	対象や優遇措置	永住権
R01	$250K〜/年	5年	博士号取得10年以内は優遇．それ以降は歴戦の教授ともガチで競合	不要
K99/R00	<$249K/年	5年	若手．ポスドクから独立への移行．**ポスドク開始4年以内**	不要
K01	$100K〜150K/年（各IC[8]による）	5年	若手．指導教官の下での独立準備．博士号取得後もしくはポスドク開始後年限あり（各ICによる）	必要
F32	給付型奨学金	3年	ポスドク	必要
F31	給付型奨学金	2〜3年	大学院生	必要

ることを期待しての先行投資なのです．ですからテニュアトラック期間（大学によるが5〜10年）の間に研究費が取れず期待した投資を回収できなかった教員は，テニュアを持つ無期雇用のAssociate Professorに上がれずに大学を去らざるを得ないこともあるのです（後述）．

　ではどうすれば研究費が取れるでしょうか？いきなりR01というのは無茶な話で，だいたいは若手用の研究費から始めます．さらには大学院生のときのフェローシップ（給付型奨学金），ポスドクのフェローシップがあった方が有利になることが多いので，準備は早ければ早い方がいいのです．また，**若手やポスドク用の研究費には博士号取得（もしくはポスドク開始）から何年以内という縛り・優遇があるものもあります**（表）．独立したポジションを取ってから何年以内，R01を取る前の若手対象，R01を一つ取得後2個目で苦戦している中堅研究者が対象などの研究費もありますので，まずは情報収集から始めましょう．民間の研究費も多数ありますが，ここではNIHの研究費についてもう少し踏み込んで解説します．

　ポスドクがよく狙う若手用研究費はK01かK99/R00です[7]．K01は指導者の下で研究をしながら独立に向かう若手用のフェローシップで，博士号取得後もしくはポスドク開始後6年以内〜10年以内〔NIHの各

※7　NIH Research Career Development Awards
https://researchtraining.nih.gov/programs/career-development

130　　研究留学実践ガイド

Institution and Center（IC）[8]によって幅がある〕という応募期間の制限があります[9]．また K01 への応募には米国籍か永住権が必要であるため，多くの日本人ポスドクは残念ながらこの制度の恩恵を受けることができません．一方，K99/R00 は永住権がなくても就労ビザ（J-1 や H-1B で OK）で応募することができる数少ないポスドク向けの研究費で留学生に人気ですが，競争率は高く，博士号取得後，関連する分野でのポスドクを開始してから 4 年以内という縛りがあるので，ポスドク開始時から綿密な研究計画を立てる必要があります[10]．また，K99/R00 はポスドクの最後の数年と独立してからの最初の数年をカバーする奨学金＋グラントであり，本研究費を持つ人を雇用する大学側のメリットが大きいため，「評判のいい論文＋ K99/R00」があればジョブオファー（内定）を獲得しやすい傾向にあります（**Column 5-3** 参照）．また，米国では複数のポジションに並行して応募することは当たり前であり，いくつもオファーをもらえれば，本命の就職先との交渉を有利に進められます（**図3**）．オファーが出た時点で先方はあなたのことを本気で採用したいと考えているため，給料，スタートアップの金額，研究室の広さ，使える施設の充実度など，より良い条件を交渉することができます．

　独立前〜独立後には R01 に挑戦することになります．これも**博士号取得後 10 年以内の若手には Early Stage Investigator（ESI）という優遇措置がつきます**．NIH の各 IC によりますが採択のバーを下げたり（通常応募されたグラントの上位 13 ％まで採択するとすれば，＋ 5 ％で 18 ％など），Study Section[11] での審査を各審査員がちょっと甘めにしたりと，若手が研究費を取得しやすいようなサポート体制が整っています．また，

---

[8]　NIH は NINDS（National Institute of Neurological Diseases and Stroke），NCI（National Cancer Institute）といった 27 の IC（Institutes and Centers）から成り立っており，各 IC が独自にグラントの採用基準（ペイライン）などを決定する権限を有しています．
　　https://www.nih.gov/institutes-nih/list-institutes-centers
[9]　Mentored Research Scientist Development Award（K01, PA-20-190）
　　https://grants.nih.gov/grants/guide/contacts/parent-K01-CT-not-allowed.html
[10]　NIH Pathway to Independence Award（K99/R00, PA-24-194）
　　https://grants.nih.gov/grants/guide/pa-files/pa-24-194.html
[11]　NIH のグラントは各 IC から独立して運営されている Study Section と称される審査委員会で審議されます．
　　https://public.csr.nih.gov/StudySections

初めてR01を取る場合はNew Investigator（NI）枠で少し甘めになります．R01はNIかつESIの間に取る方が有利ですから，早め早めに準備しましょう．また，一度でもR01を取ってしまうと，Established Researcher枠になり，歴戦の教授と同じ枠で勝負をしないといけないので，2個目のR01のハードルは必然的に高くなってしまいます．

3 大きな論文が出なかったり，独立する研究費を取れなかったとしても

アメリカではポスドクとして働ける年限を10年と定めている大学が多いです．その間に評判のいい論文を書いたり，研究費を取れるよう努力をし，教員職に応募してチャンスを狙います．運悪くなかなか物事がうまくいかなかったとしても，まだ教員になれる道はあります．シニアの研究員としてボスの信頼を得られたらSenior ScientistやResearch Assistant Professor（RAP）[12]などのテニュアトラックではない研究トラック（research trackあるいはnon-tenure track）の大学教員ポジションをオファーされることがあります（**図1**）．大学によるのですがSenior Scientist等は実験補助員的なポジションであり，独立には直接つながりません（が，ボスの研究費が続く限りは働き続けられるので，研究費獲得やテニュア審査のストレスなく研究に専念できます）．また，RAPは独立した職ではありませんし，テニュアトラックでもありませんが，Assistant Professor相当として自らがPIとして申請できる研究費の選択肢も増えます．したがって，ポスドク10年の年限を使い果たしても，RAPとして生き永らえながら果敢に研究費を狙い続けている研究者も多数います．独立ポジションではありませんが，研究室の中ではシニアであり，ボスとしても信頼のできる右腕であり，学生やポスドクの指導もしながら自

※12　Research Assistant Professorになる時期は人によって異なり，必ずしもポスドク年限10年を使い果たした人だけではありません．ポスドクより良い職位ですので，引き抜きや慰留のためにオファーされることもあります．

132　　研究留学実践ガイド

図4 ◆ テニュア教員（Tenure Track）と研究専任教員（Research Track）のキャリアパス

分でも研究費申請書を書き続けるのです．研究費を取れたら晴れてテニュアトラックのAssistant Professorに内部で昇進することもありますし，研究費を強みにして就職戦線に打って出てもいいのです（**Column 5-4**参照）．ちなみにアメリカでは年齢差別は固く禁じられているので，応募の際の年齢制限や定年退職はありません．

また，研究トラックのまま，ボスや学科長に認められてRAPからResearch Associate Professorに出世する道もあります．授業の義務はない，研究専任のまま，終身雇用は保証されていませんが肩書は准教授です．大御所お抱えの中ボスだったり，コアファシリティ※13（**Column 5-5**参照）のディレクターだったり，独立研究室のPIだったり，Research Associate Professorといっても立場はさまざまです．大学によっては内部審査を経て教授の肩書をもつResearch Professorやテニュア（無期雇用）のAssociate Professorになることもできます（**図4**）．

4 ライフイベント

　大学院生，ポスドク，若手研究者の時期と結婚，出産，子育ての時期

※13 アメリカの大学では最新の実験機器や技術に多くの研究者がアクセスできるよう，さまざまなコアファシリティ（遺伝子操作モデル動物作製の補助，さまざまな顕微鏡やシークエンサーを備えた施設など）が存在し，その責任者（DirectorやManager）の多くは博士号を持つ大学の職員です．

がぶつかり，悩む研究者は多いです．共働きで家事も育児も分担する現代，男性研究者にとっても他人事ではありません．特に博士号取得後もしくはポスドク開始後何年以内にフェローシップを取り若手研究費を取り，さらにR01も10年以内に，そしてその間にできるだけ評価の高い論文を定期的に出す……となると，いつ出産・子育てをすればいいのか，頭を抱えることでしょう．ですが，**この何年以内という規定は，出産・子育てで仕事を離れていた期間分伸ばすことができます**．つまり，どこかのタイミングで1年仕事を離れていたとしても，K99/R00はポスドク開始後5年以内（4年＋離職期間1年），R01は11年以内ならESIの優遇が有効ということです．もちろん育休を取った男性研究者にも適用されます．アメリカでは女性の育休期間は平均して日本よりだいぶ短い[※14]ですが，出産後復職してキャリアを続けている女性研究者が多いです．また，夫婦・カップルが共に研究者の場合，両方納得ができるキャリアを推進する際のいわゆるtwo-body problemとよばれる課題も生じます．同じ地域での就職活動を検討したり，研究機関との交渉を行ったりすることも場合によっては必要になることを意識しましょう（**Column 5-6**参照）．

5 テニュアを取れなかったときのプランB

独立できなかったとき，独立してテニュアトラックに乗った後テニュア審査で落ちたとき，どうなるでしょうか？ 大学によりますし，トップ大学は厳しく，テニュア審査で落ちたら職を失うという話も聞きます．筆者のいるイリノイ大学は中堅クラスで州立大学ですので，そこまで厳しくはないです．新進気鋭でテニュアトラックに乗り，研究費取得をめざしていたがテニュア審査には間にあわずRAPに戻った同僚もいます．

[※14] 筆者の大学では男女とも2週間ですが，有休を合わせて6週～3カ月で復職する人が多いです．産休・育休期間は応募前に各大学・研究機関に確認することをおすすめします．また，職場の保育所の有無，評判，空き状況もご確認ください．

独立をめざしてやっていたが，大御所の研究室の中ボスとして研究に専念することにした同僚もいます．大学内で研究支援職（University Research Administration）としてオフィスで働くことを選んだ同僚もいますし，コアファシリティに異動した同僚もいます．また，Community College（短期大学）で教育に専念する非常勤講師になった同僚もいますし，企業に転職した同僚もいます．また，海外から来た研究者は自国に帰って教員職を取るという例もあります．筆者の研究室で2年半研究してくれたポスドクは，論文2報とフェローシップと学会発表をもとに祖国で夢の独立教員職を手に入れ，幸せそうに帰国していきました．

6　おわりに

　ここまで解説したように，アメリカのアカデミアで独立した教員職を取るには，道は一つだけではないのです．また就職先が大学内にも外にも数多くあるので，さまざまな労働条件や快適さを考え，各自の適材適所に進んでいいんです．さらに物事が当初の計画どおり進まなくてもプランBがあるので，思い切ってやれるところまでチャレンジできるのがアメリカでアカデミア職を狙う強みでもあります．また，アメリカ以外の地域でのアカデミアで職を得られた方々のエピソード（**Column 5-7, 8, 9, 10**）も参考にしていただきながら，個人に合った独立への道を模索してください．

著者プロフィール

山田かおり

イリノイ大学シカゴ校医学部 Assistant Professor．東京大学大学院の博士課程在学中の2003年より，イリノイ大学の共同研究者のもとで軸索伸長の研究を行うため渡米．'07年に東京大学で博士号（農学）取得後も継続してイリノイ大学でポスドクとして研究を行う．'09年にResearch Assistant Professorとなり，その後研究対象を血管新生に移す．'19年より現職として独立．血管新生・血管の透過性を制御することで，がんや眼の疾患を治療したいと考え研究を行っている．また海外日本人研究者ネットワーク（UJA, https://www.uja-info.org）の理事として，留学を検討する方への情報提供や支援活動を行っている．X：@KaoriYamada01．ラボのウェブサイト：https://ykaori07.wixsite.com/yamada

Column 5-1

アカデミア就職の実際

山田かおり（イリノイ大学シカゴ校医学部薬理学科，眼科）

　アカデミアでの就職について，2021年にScience Advances誌に掲載された"Myths and facts about getting an academic faculty position in neuroscience"という論文[※1]を紹介させてください．この論文の前半では実際に神経科学の分野でテニュアトラックの教員職に就いた研究者のキャリアパスを統計的に論じ，後半では就職の際の審査員からの助言が多数掲載されています．

　この論文ではまずアカデミア就職でよくある噂について，実際のデータを用いて論じています．「K99/R00がないとPIになれないんじゃないの？」「Kじゃなくてもなんかの研究費は必要でしょ」という噂がありますが，実際にアカデミア教員になった時点で，K99/R00を持つ研究者はわずか14％，59.6％の研究者はなんの研究費も持っていません．研究費がないと採用されないんじゃないかと応募をためらう必要はないのです．

　「学生やポスドクのときにF31やF32などNIHフェローシップがないと教員になれない？」という噂についても否定されています．ポスドク向けのF32フェローシップによるサポートがなくても，教員になった研究者は83.1％もいるのです．

　「いわゆるCNSとかトップ雑誌に載った論文がないと無理でしょ」という噂もよく耳にします．が，59％もの研究者はそれらトップ雑誌（Cell，Nature，Scienceに加えNature NeuroscienceやNeuronなど姉妹誌を含む）に筆頭論文を掲載しなくても教員になっているのです．トップ雑誌に載せるために何年もかけることが果たして必要かどうかとなると，必ずしもそうではないのです．

　「中間的なポジション（Research Assistant Professor等）からテニュアトラックに行くにはCNSに論文出すか大型研究費取らないと駄目なんでしょ？」という噂もあります．ポスドクから直接テニュアトラックに進むのは半

※1　https://pubmed.ncbi.nlm.nih.gov/34452920/

数ほどで，残り半数は中間的なポジションに進みます．ポスドクから直接テニュアトラックに進んだ人で43％，中間的ポジションからテニュアトラックに進んだ人で28％もの人が，研究費もCNS論文もなくてもテニュアトラック教員になっているのです．

　研究費やCNS論文など履歴書でわかりやすい"優秀さ"がなくても採用されるのはどういうことか，答えの一つが，審査する側が候補者をどのくらいよく知っているかどうかだと彼らは分析しています．41％もの研究者が以前所属していた大学・研究機関で採用されています．わかりやすい指標がなくても優秀で人柄もいいとわかっている候補者の方が採用されやすいのです．

　論文の後半の実際の審査員からの助言も非常にためになるのでぜひご一読をおすすめします．いくつか意訳して引用します．「トップ雑誌に載った短い論文よりも，その分野でのしっかりした雑誌に載った，しっかりした科学への貢献の方が重要」「どこを卒業したとかどこでポスドクをしたかは重要ではない」「候補者をよく知る人物からの推薦書は重要」「教育に情熱がない奴はいらない」「チョークトークでは研究への深い理解と，どう将来の同僚の仕事と絡めていくのかがみられる」「コミュニケーションは大事だし，ここに参加することに熱意を持ってきてほしい」「研究概要は重要」「研究において重要な問題にこれからどう取り組んでいくのか」審査員は現役の教員であり，将来的には同僚となる人たちです．彼らが口をそろえて言うこれらのポイントは，その時点での研究費の有無や（どうせいずれ獲れるし），CNS論文よりも重要視されていますし，それらの獲得に徒に時間を費やすよりは思い切っていい応募書類をそろえて応募してしまった方がいいかもしれませんね．

Column 5-2

正攻法ではない研究独立譚
ポスドクをしないというオプション

山本慎也（ベイラー医科大学分子人類遺伝学部，テキサス小児病院ダンカン神経学研究所）

　私のCV[※1]はとても変わっていると思います．日本の学部課程で獣医学を修了後，米国の大学院博士課程でショウジョウバエの基礎研究に転向，独立後は主にヒトの希少疾患研究に従事するという私の研究遍歴には一見統一性が感じられません．また，正規のアプリケーションプロセス以前にベイラー医科大学大学院への内々定を得たこと（**1章を参照**）と，博士号取得直後に正規のポスドクを経ぬまま同大学で自分の研究室を持つことができたことは，研究者としてのいわゆる「王道」のキャリアとはずいぶん違っていると思います．本コラムでは米国の大学院に入学後，さまざまな巡り合わせの末，独立に至ったエピソードをご紹介します．

　順風満帆のキャリアを歩んできたと思われるかもしれませんが，実は大学院時代にはいろいろと苦労がありました．ベイラー医科大学の大学院生として渡米後1年目に課されている必須の講義および三つの研究室でのローテーションを無事修了し，渡米前に日本の中島記念国際交流財団のフェローシップを取得できていたことも幸いし，第一希望であったHugo Bellen教授のラボに所属することができました．PIはプロジェクトに関するアイディアはいろいろと出すが，何をやれとは言わない主義で，ラボ内で進行しているさまざまな研究課題の中から各自が面白いと思ったものを見出させ，それぞれ独自に発展させることを学生やポスドクに課していました．当時，2〜3人が力を合わせて神経発生や神経機能に関する新規遺伝子を探索するのが主流でした．私もこれまでに研究されたことがない遺伝子を発見してその命名や機能解析を行いたいとの思いから，私より先にラボに入ったポスドクと2学年上の大学院生に実験の手技・手法や遺伝学的な思考・知識を学びながら，共同でショウジョウバエの第二染色体右腕に存在する未知の神経発生に関する遺伝子を見出そ

※1　https://www.yamamotoflylab.org/pi

138　研究留学実践ガイド

うと試みました．このスクリーニングからは興味深そうな遺伝子が二つ見つかり，先述のポスドクと大学院生がそれぞれのプロジェクトとしたのですが，最後にチームに加入した私が追究する価値のありそうな遺伝子はなかなか見つからず，大学院の2年目が終わる頃になっても，まだメインのプロジェクトが未定という状況でした．そのうえ「滑り止め」にしていた複数のサイドプロジェクトがいずれも暗礁に乗り上げてしまい，焦りを抱えて暗澹としていました．6年制の獣医学課程を終えて大学院留学を始めたこともあり，日本で4年制の学部を卒業後に修士・博士課程に進んでいた同期がそろそろポスドク先を検討し始めるという時期に，いまだ博士論文執筆のスタートラインにすらいなかったのですから．

◆　　◆　　◆

開き直るきっかけとなったのは，誰かの「大学院に入る前にどんな紆余曲折があろうが，また何年かかって学位を取ろうが，米国でのキャリアにあまり影響がない」という言葉でした．大学院の3年に進んだ頃，「今やっているスクリーニングから面白そうな遺伝子が出ないのであればいっそのこと新しいスクリーニングをやろう．どうせ初めからやり直すのであれば誰もやっていない新しいことをしてみよう！」と踏み切りがつきました．熟慮の末，必須遺伝子の研究が難しいとされていたショウジョウバエのX染色体にターゲットを

移し，さらに神経発生や神経伝達だけではなく，神経変性にかかわる新規遺伝子をも網羅的に探索する野心的なプロジェクトをPIに提案しました．最初はスキームが現実的ではない，膨大なリソースが必要となる，などの理由でプロポーザルは却下されましたが，諦めず修正案を提出し，それにさらにダメ出しを食らうなど，数カ月にわたってPIを説得する作業が続きました．やっとのことでその年の冬にパイロット実験をする許可が下り，大規模なプロジェクトになることが予想されたため，新しくラボに参加する学生やポスドクを計画に勧誘することも了承してもらいました．そして大学院4年目が始まる頃には私を含めた6名のチームで大掛かりなスクリーニングを本格的に開始し，当初反対していたPIも「The most expensive screen that was ever done in my lab!」と言いつつも全面的に後押しをしてくれるようになったのです．その後もこのプロジェクトは大型化を続け，どんどんチームに人員が新規参入，最終的には20本以上の論文が量産され，複数のグラントが取れるラボのメインプロジェクトに成長させることができました．私自身も当初の目的であった神経発生に関する新規遺伝子を命名[※2]することができましたし，また偶然見つけたNotch受容体の新規変異体を用いた機能解析[※3]を中心に据えた博士論文によって7年弱越しでPh.D.を取得することができました．

※2　大学院の仕事をもとに，新規のタンパク質脂質修飾酵素をコードする遺伝子に「*tempura*」という日本風の名前を与え（https://pubmed.ncbi.nlm.nih.gov/24492843/），独立後には「*almondex*」というNotchシグナル・アルツハイマー病関連の遺伝子と共同で働く2つの新規遺伝子に「*amaretto*」と「*biscotti*」というアーモンドに因んだ名付けをした．（https://pubmed.ncbi.nlm.nih.gov/34905536/）．

※3　https://pubmed.ncbi.nlm.nih.gov/23197537/

◆　　　◆　　　◆

　博士課程の終わりが見えてきた時期に，次のステップを模索していたところ，意外なオファーが舞い込んできました．同大学のHuda Zoghbi教授から「今度，博士を取ったばかりの研究者にFellowという肩書を与え，独立を推進する試みを始めたいと考えている．興味ある？」という話を突然されたのです．当時はベイラー医科大学の提携病院の一つであるテキサス小児病院が子どもの神経・発達疾患の研究を促進するための大型寄付を受け，彼女を所長とした新たな研究所が立ち上がったばかりの時期であり，新研究所のヴィジョン，とりわけ若手に多くのチャンスを与えたいという方針を彼女から興味深く伺いました．Zoghbi先生とはそれまで直接仕事をしたことはなかったですが，Bellen研と定期的にJoint Lab Meetingを行うなどラボ間の交流が活発で，私個人の仕事やチームを率いる能力，研究への熱意や人柄などを陰ながら評価していただけていたようです．その後，いったん話を保留し自分なりにいろいろとリサーチをしてみると，ハーバード大学[4]やUCSF（カリフォルニア大学サンフランシスコ校[5]）などの大学でも少数ながら同様の制度があることを知りました．無論，ポスドクとして同分野や異分野の修行をさらに積み上げ，正攻法でアカデミアのポジションを狙うことも考えましたが，大学院時代に行ったショウジョウバエのスクリーニングから取れてきた新規遺伝子をもっと深く追究してみたかったこと，さらにはこれらの多くの遺伝子がヒトの希少神経疾患にかかわっている可能性が見出され始めていた時期だった[6]ので，喜んでオファーを受諾することにしました．当大学がヒトの疾患とハエの遺伝子の関連に関する研究を深めるには最適な場所であったこと（P.45の memo を参照）も幸いし，基礎と臨床をつなげる共同研究を重視する姿勢や，チームサイエンスに価値を見出すオープンで協力的な雰囲気に助けられ，独立した研究グループを10年ほど安定して運営することができています．

◆　　　◆　　　◆

　私の大学院への入学の経緯やFellowとしての独立譚は，米国のアカデミアでは「王道」以外にもキャリアを進めるための道が実はいくつもあることを物語っていると思います．ベイラー医科大学は他の多くの米国の有名大学と同様に私立であり，こうしたプロセスが公立大学でも実施されているのかは不明ですが，公募に応募する形であれ，最終的にオファーを勝ち取るためには裁量が与えられている人の賛同・支持を得る必要があることは間違いありません．今の私と私のラボがあるのも，Bellen教授，Zoghbi教授をはじめとする多くの優れた研究者・指導者と出会えたからであり，今となって思えばそのきっかけをつくってきたのは自らの小さな行動の積み重ねでした．今後も一つひとつの出会いや日々のコミュニケーションを大切に，今後のキャリアを形成していきたいと思います．

※4　https://socfell.fas.harvard.edu/
※5　https://fellows.ucsf.edu/
※6　https://pubmed.ncbi.nlm.nih.gov/25259927/

5章 海外のアカデミアで活路を見出す

Column 5-3

フェローシップを利用して独立する

山中直岐（カリフォルニア大学リバーサイド校 昆虫学研究科）

　研究者にとって独立のタイミングは人それぞれですが，①長期的に追究したい研究テーマがあって，②そのための戦略として以後数年間に実現可能な研究が明確になっている時期が，自らのラボを立ち上げるのに最適なタイミングではないかと思います．私の場合は，K99/R00というNIH（アメリカ国立衛生研究所）のフェローシップの獲得に背中を押される形で半ば思いがけずその機会が訪れたので，キャリア展開の一例として当時を少し振り返ってみたいと思います．

◆　　◆　　◆

　米国ミネソタ州のミネアポリスで過ごしたポスドク時代は，私の研究者人生にとってかけがえのない，本当に楽しい時間でした．自らの研究テーマである昆虫ホルモンに関する複数の重要なプロジェクトに携わることができただけでなく，サッカー仲間と過ごす時間や，多様な文化的背景を持つ人々との交流は何物にも代えがたく，数年間の月日があっという間に過ぎていきました．研究室の予算も潤沢だったので，ボスの「お前は好きなだけこのラボにいて良い」という言葉に甘えて，冷静に考えると今こうしてもっともらしい文章を書いていることが恥ずかしくなるくらい，能天気にポスドク生活を満喫していました．

◆　　◆　　◆

　それでも渡米3年目からもらい始めた海外学振（日本学術振興会の海外特別研究員制度によるポスドク留学）の期間が残り少なくなってくると，何らかの奨学金に応募しようと思い立ち，当時まだギリギリで応募資格を満たしていたNIHのK99/R00プログラムに応募することにしました．このプログラムはトレーニングフェーズ（K99）と独立フェーズ（R00）の2つの期間からなり，2年間のトレーニングフェーズの間に米国内で独立ポジションを獲得すると，独立後にNIHからさらに3年間の研究費のサポート（間接経費を含めて年間25万ドル程度）を得ることができます．当然申請書も長期的な視点に立って執筆する必要があるため，この申請書を周到に準備し，文書化していくうちに，自分が独立した研究者として追究したいテーマがしだいに明確になっ

141

ていきました.

フェローシップ申請時にはまだポスドク時代の研究は論文化できていませんでしたが，大学院時代の研究成果をほぼ毎年コンスタントに論文化していたこともあり，1回目の申請で無事にK99フェローシップを獲得することができました．すると思いがけず自分が，このコラムの冒頭で述べた独立の条件を満たしていることに気づきました．そこで，「2年以内に独立すれば追加の研究費が獲得できる」というプログラムの条件も手伝って，同じく米国でポスドクをしていた妻が後々求職するうえで選択肢が多そうなカリフォルニアとニューヨークに絞って職探しを始め，無事に現在のポジションを得ることができました．アカデミアでの交渉術を全く心得ていなかった私は，採用の過程で妻の処遇について全く触れることがなかったのですが，妻も数年後の公募を通じて無事に独立ポジションを獲得し，二人で同じキャンパスに勤務する，という現在の恵まれた環境を得ることができました．

こうして書いてみると「行き当たりばったり」なキャリア展開であったことは否定のしようがありませんが，不確定要素に満ちた研究者人生において，綿密に設計されたフェローシップなどの制度をキャリアの羅針盤として活用し，勇気を持って次の一歩を踏み出すきっかけにすることは，決して悪いことではありません．むしろ既存の制度を存分に活用することで，本業の研究に邁進する時間を確保できることは，長期的に見ても大きなメリットになると思います．

◆　　◆　　◆

大学院・ポスドク時代のトレーニング期間は，好きなことに心置きなく没頭できる，長い研究者人生の中でも最も充実した，本当に大切な時間です．この期間に育んだ研究に対する情熱は，研究室の開設から10年が経って，何かとままならないことが増えてきた現在においても，自らを日々研究に駆り立てる原動力として自分の中に確かに存在しています．すでに独立という明確な目標を持ってこの本を手に取っている方々には無用のアドバイスかもしれませんが，フェローシップや若手向けの研究費など，独立をサポートする既存のシステムを最大限に活用しながら，かけがえのない研究者としての「今」を駆け抜けてください．

5章 海外のアカデミアで活路を見出す

Column 5-4

PIになると決めちゃえ

吉本桃子（ウェスタンミシガン大学ホーマーストライカー医学校）

　私は2005年にポスドクとしてインディアナ大学に留学し、2011年にResearch Assistant Professorを経て、2016年にAssociate Professorとしてテキサス大学ヒューストン医学校で独立ポジションを得、2023年の9月からミシガンにあるWestern Michigan University Homer Stryker MD School of Medicineにラボを移転させた。今年で独立してから丸8年。これからアメリカで研究をやっていきたいという方に向けて、ビッグラボ出身でなくてもなんとか独立ポジションを得て、NIHからの研究費を取得し続けることが可能である、という庶民PIによるビッグエールを送りたい。Be ambitious!

PIになれるかなじゃなくて、なると決める。準備は早めに

　米国でポスドクを始めて3年も過ぎた頃、周りのPIを見渡すと、結構知識がない人ばかりであることに気がついた。日本の大学院を東大医科研、京都大学医学部で過ごした私は、教授の方々の深淵なる知識に感銘を受け、サイエンスの面白さに身を震わせたことが何度もあった。インディアナ大学で私のボスであったMervin Yoder教授は幅広い知識を持つ素晴らしいScientistであり教育者であったが、他の身近にいるPIなる人たちは自分の研究の狭い分野のことしか知らない。「こんなんでPIなれるんやったら、私もなれるわ。私もPIになろう」と心に決めた。

　アメリカは女性研究者が独立するには快適な場所だと思う。女性研究者・医師は当たり前のように結婚して子どもが何人もいてさらにキャリアを築いている。今の日本は知らないけれど、私が日本にいた頃は、女性がキャリアを維持しようと思ったら、結婚も子どもも諦めなければならなかった。

ポスドクの次は。そしてグラントを書く

　PIになるためには、ポスドクの後はなんとしてでもファカルティポジションを得ねばならない。ここが大きなボトルネックになることは言うまでもない。選択は2つ。①公募が出ているAssistant Professor職に応募する。当

143

然ながら難関である．論文の業績もさること
ながら，研究資金獲得の経験があるとより好
まれる．②ボスのもとでファカルティにして
もらう．私の場合，私のデータが基となりボ
スのR01がめでたく獲得できたので，ボスは
私をResearch Assistant Professorに昇進させ
てくれた．これは独立ポジションでないが，
ファカルティとしてNIHに自分のグラントが
出せるのだ．このポジションは独立するため
の貴重な準備期間となった．Dr. Yoderはとて
も慎重な人で，「どこかのポジションに応募す
る前に自分の研究資金をまず取りなさい．
Junior PIのR01の取得には数年以上かかるし，
その間にスタートアップ資金がなくなればラ
ボをたたむしかない．自分の研究資金がある
とより選考に勝ち抜きやすく，独立してから
も余裕がある」とアドバイスをいただいた．
実際R01グラントを取得するためには，自分
がcorresponding author，もしくはlast author
である論文を発表し，自分の独立性と研究分
野の専門家であることを示さないといけない．
アメリカでのグラント取得のゲームルールを
知る必要があるのだ．実際R01を最初に申請
してから獲得するまで丸3年がかかった．

独立してからわかったこと，新しい場所へ：自分がそこに当てはまるか

R01を取得し，その頃合いでテキサス大学
ヒューストン医学校からAssistant Professorを
飛び越えてのAssociate Professor（テニュア
トラック）のオファーをいただいた．これは
結構異例なことらしい．当時の研究所のディ
レクターに感謝．スタートアップ資金も交渉
の末，十分に得ることができた．しかし当然

ながらR01は5年しか続かない．あっという
間に5年が過ぎ，必死にグラントをいくつも
書き続ける日々が続いた．そんな折，免疫細
胞の一種であるB1細胞の分野で懇意にさせて
いただいていた現所属大学の教授からミシガ
ンでのセミナーに招待された．セミナーは好
評で，議論に楽しく花が咲いた．夜のお食事
会で「ところでMomoko，うちのDepartment
に席が一つ空いているんだけど，来ない？」
とお誘いを受けたのだ．その時点でまだテキ
サスに資金は十分残っていて，どうしたもの
かと迷っていた．物事が動くときはいろいろ
重なる．私をテキサスにリクルートしてくれ
たディレクターが，他大学に移るというのだ．
テキサスでの研究は快適だったが，一つだけ
難をいうならば，同じフロアでグラントや投
稿前の論文について深く議論する相手がいな
いことであった．ディレクターが唯一議論の
相手だったが，その人が異動してしまう．ミ
シガンでは同じ研究分野の興味を共有できる
友がいた．セミナーに訪問したときの議論の
楽しさ．それが今回ラボの移転を決めた大き
な理由になった．

現施設でスタートアップ資金を受け取り，
同時期にR01とR21も取得できた．新たな場
所で，冒険を続ける次第である．

まとめ：独立するために必要なこと

❶まずは独立すると決めること．
❷研究申請書の書き方など，早いうちからボ
スと掛け合ってトレーニングを積むこと．
❸ポスドク二つ目か三つ目の論文は，ボスと
掛け合ってcorresponding authorshipを掴み
取ること．

5章　海外のアカデミアで活路を見出す

❹独立する場所に自分の研究がフィットする
　かを見極めるのも重要.

❺アメリカでつながりを広げること. 自分の
　研究分野で知り合いを増やすと, 勧誘して

もらえるかもしれない.

❻悲観的になってもいいことは一つもないの
　で, 楽観的に生きていくのがいいと思う.

Column 5-5

コアファシリティで働くという選択肢

川内紫真子（カリフォルニア大学アーバイン校）

　コアファシリティ（コア）は，実験機器やサービスを管理し提供する共同リソースとして機能する組織です．アメリカでは研究機関所属の技術支援ラボやセンターとして独立で運営される場合が多いと思いますが，研究室のPIがディレクターとなり，その研究室が有する特殊技術をオープンに利用できるよう，既存のリソースを拡大し，設置される場合もあります．アカデミアのコアファシリティは基本的に非営利で運営され，利用料金は運営費に充てられます．それぞれのコアは所属，ラボのサイズ，運営形態，サービス内容とサービス料などが異なります．需要が多ければ大学から補助金が出る場合もある反面，需要が少なくなると大学や機関からの要請で解散することもあります．コアの職員は研究の重要な一翼を担うため，学内の研究者から高く評価され，リスペクトされます．実際，PIをリクルートするインタビューの過程にはコアファシリティ見学が必ず組込まれますし，優れたコアの存在が優秀な研究者のリクルートの成功に重要な要素となることもあります．

　コアファシリティのマネジャーの職に至るまでの私の経歴を簡単に紹介したいと思います．日本で博士の学位を取得後，アメリカのカリフォルニア大学（UC）アーバイン校でポスドクを経験してからアカデミアの教職に応募していました．しかし，オファーのタイミングや地理的条件などが家族のニーズに合わず，キャリアシフトを含めた転職の選択肢を模索していました．ある日，指導していた大学院生が，「学内のトランスジェニックマウスのコア（Transgenic Mouse Facility：TMF）で人を探しているって聞いたよ」と情報を持ってきてくれました．早速，コアディレクターのドアをノックし，どんな人材を探しているのか聞いてみました．TMFはUCアーバインのみならず，UC姉妹校やアメリカ全土の大学・研究機関・企業からも遺伝子改変マウス作製の依頼を受けており[※1]，募集しているのは実際にサービスを行う研究スタッフとのことでした．私は過去にノックアウトマウスの作製経験があり，即戦力として活躍できると

感じ，新しい環境に飛び込むことにしました．私が最初に採用されたのはスタッフ研究員（技官）ポジションでした．そのため研究仲間や家族からは懸念の声もありましたが，これまでの私の経験を多くの研究に広く活かすという信念で挑戦しました．アカデミア育ちとしては，実験結果がサービス料収入として数値化されるのは新鮮でした．時間とコストの関係を考慮する経験が不足していることに気づき，学内でプロジェクトマネジメントの夜間コースを受講させてもらいました．いろいろなプロジェクトに参加して経験を積み，コア運営の8割を経験・把握したと確信した後，タイミング良く公募されたコアマネジャーのポジションに応募し，採用され，より大きな責任と権限がある管理職に昇進しました．

技術系のコアファシリティに職を得るためには，関連する学会の求人情報をチェックすることが有用です．技術系コアファシリティのスタッフはその分野に特化した学会[※2]に参加することが多く，求人情報もこうした団体のウェブサイトに出ていることが多いです．働く地域に希望がある場合は各大学の求人サイトを定期的にチェックすることも必要です．

私のように人づてに情報をたどることも有用ですし，興味があるコアに直接連絡して話をすることも，タイミングと求人内容が合うこともあるので効果的でしょう．実験を行う以外にもコンサルティング業務や論文執筆，かかわるプロジェクトの規模によってはNIHとのプログレス会議に出席を求められることもあり，PIの経験があれば，コアマネジャー候補としての優先順位が高まるかと思います．また，技術者としてコアの職に就く場合は，技術経験優位のCV・レジュメを書くよう意識しましょう．自分はどのように技術提供／運営に貢献できるかについて，カバーレターにも盛り込むと良いでしょう．なお，コアの運営の形はさまざまなので，職の安定度をチェックすることは重要です．職員の給料の出所（グラントから出ているのか，大学から出ているのか，等），また雇用期間制限の有無，将来の展望や出世の可能性を把握することが大切です．もちろんビザ／永住権があることは強みになりますが，これから取らなくてはならない場合でも，優れた技術があり需要があれば，大学や研究機関を通してH–1Bやグリーンカードなどに申請することができるでしょう．

※1 https://cancer.uci.edu/transgenic-mouse-facility-tmf
※2 筆者が専門とするマウスの遺伝子改変であれば，International Society for Trangenic Technologies（https://www.transtechsociety.org/index.php）など．

Column 5-6

米国でtwo-body problemとノンアカデミックキャリアを経ての研究室立ち上げ

小黒秀行(コネチカット大学医学部)

　妻と私がポスドクとして渡米後に夫婦それぞれの研究室を構えるまでの紆余曲折について，研究留学をめざす方々の参考になれば幸いと思い書かせていただきます．

　2008年に夫婦で同じ地域に留学するために2人で興味のある研究室を挙げていき，妻が興味を持つ生殖幹細胞の山下由起子先生の研究室と，私が興味を持つ造血幹細胞のSean Morrison先生の研究室があるミシガン大学を第一希望にしました．米国の学会でMorrison先生に直接希望を伝え，その後夫婦でそれぞれのラボに面接に赴き，オファーをいただきました．2009年に渡米後，2人とも順調に研究していましたが，2年後にMorrison研究室がテキサス大学サウスウェスタンメディカルセンターに移転することになり，私だけダラスに引越しました．その後，妻は山下研究室に所属しながら同大学の共同研究先で仕事を続けることができるようになり，1年後に再び家族で住むことができました．

◆　　◆　　◆

　独立をめざすにあたり，まず必要なのは筆頭著者の論文ですが，論文を出す時期が夫婦異なるので就職活動のタイミングが難しいです．私は2013年に論文を発表しましたが，その時点では妻の主要な論文がまだだったことや私がやりかけていた仕事もあったことから就職活動は始めませんでした．その後2015年に妻がインパクトのある論文を発表したので就職活動を始めることにしましたが，私のやりかけの仕事が予想よりも時間がかかり，2013年の論文を主要な業績として活動することになりました．米国では秋ころから学術誌や求人誌などに公募が出るので，夫婦で行けそうなところに片っ端からそれぞれ50カ所以上応募しました．私は4カ所でビデオ面接を受けましたが，オンラインでは英語でのコミュニケーション能力の低さが目立つせいもあってか，なかなか現地面接に進めませんでした．最終的にはビデオ面接をしなかった2カ所から現地面接に招待され，うち一つは前向きにオファーを検討していただきましたが，夫婦2人のポジションを用意できず，最後はtwo-body problemの壁に阻まれ私の応募は全滅し

ました．同じ年，妻は4カ所から現地面接に呼ばれ，コネチカット大学からTenure-track Assistant Professorのオファーをいただきました．

◆　　　◆　　　◆

米国でDepartmentが有望な人材をリクルートする際，積極的にその配偶者のポジション探しを手助けすることが一般的に行われており，最終的に欲しい人材を獲得するためには重要な戦略です．コネチカット大学のDepartmentにはとても親身になっていただきましたが，その年には独立ポジションは妻の一つしか準備できないため，私の履歴書を近隣の大学・研究機関に配布していただきました．その結果The Jackson Laboratory（JAX）から声がかかりました．JAXはメイン州に本拠地を置くマウスの供給で知られる非営利研究所ですが，2014年にコネチカット大学内にヒトゲノム研究を中心とする新しい研究施設を設立しました．そこに新しくリクルートされたBill Skarnes先生がヒトiPS細胞のゲノム編集グループを立ち上げるのに参加してほしいということで，グループのAssociate Directorという肩書でアカデミアとは異なるポジションのオファーをいただきました．私のメインプロジェクトはゲノム編集後のヒトiPS細胞から造血幹細胞を作製することで，それまでヒトiPS細胞を扱う経験はなかったのですが魅力的でした．もう1年待って論文を出してから就職活動すれば大学のポジションを取れるかもしれないというアドバイスもありましたが，次の年に夫婦揃ってオファーをもらえる確証もないのでこの可能性に賭けることに決めました．

◆　　　◆　　　◆

そして2017年に妻はコネチカット大学，私はJAXのポジションに着任しました．JAXの研究環境は素晴らしく，使用するマウスは破格の内部価格で購入できます．私のポジションは半独立的で独自の研究プロジェクトを推進するためにテクニシャンとポスドクを雇ってもらえました．その支援の結果，Skarnes先生から学んだヒトiPS細胞やゲノム編集の技術と，これまでの造血研究の知識を合わせることで，マウス内でヒトiPS細胞由来の血液細胞を長期に作製することに成功しました．しかし諸事情により，しだいにグループの主な機能であるゲノム編集コアファシリティの運営に関する私の役割が膨らんでいき，自身の研究に割ける時間が大幅に減ってしまったことから，再度大学のポジションへの応募を決意しました．

◆　　　◆　　　◆

ちょうどその頃，コネチカット大学のポジションの公募があり，応募して2019年の面接では好意的な反応を得ましたが，最終段階で学部長の方針としてオファーには大規模グラントの取得が必要と通告されました．JAXでは小規模グラントを得てポスドクからの研究も続けていたので，そのデータをもとにNIHのR01の申請に挑戦，幸運にも最初の申請で自身のグラントを獲得でき，面接から1年経過してようやく正式なオファーを受けることができました．2020年にTenure-track Assistant Professorとして自身の研究室を開設し，ポスドク時からのマウスを用いた造血制御とJAXで学んだヒトiPS細胞からの造血発生の二つを軸として研究しています．現在ではPh.D.やM.D./Ph.D.プログラムの大学院生，ポ

ストバック，学部生，さらには高校生といった幅広い年代の学生たちが賑やかに研究に参加しています．現研究室とJAXは徒歩圏内であり，JAXからは非常勤ポジションをいただいていることから，今も密接に古巣とのコラボレーションを続けています．妻の研究室は1階上で，家では研究室運営について相談しつつ，JAX在籍時に生まれた双子を手分けして育てています．独立までの道のりは長かったものの，それは無駄ではなく現在の研究の基盤になっており，支えてくださった皆様に感謝しています．

　最後に海外で独立をめざすためのアドバイスとして，まず留学はなるべく早く，できれば大学院で留学して生活基盤を整えて友人をつくり，現地の言語を習得できると良いと思います．米国ではNIHのEarly Stage Investigator（ESI）ステータスや財団の若手向けの賞・グラントなどのように，Ph.D.取得後の経験年数で若手向け優遇措置が区切られるので，Ph.D.取得時からトップスピードで研究して早期に独立できると資金調達がしやすいはずです．またポスドク期間に重要なのがPh.D.取得後4年以内のみ応募できるNIHのK99/R00グラントの獲得です（**Column 5-3**も参照）．ずば抜けた論文の業績がなくても，K99/R00に裏打ちされた堅実な研究計画があれば就職活動が格段にスムーズになるはずです．若くして海外に出ることには勇気が必要ですが，人生で一度思い切ってみてはいかがでしょうか．

イギリスで研究室主宰者になるまで

木下将樹（ノッティンガム大学バイオサイエンス学部）

　私は神戸の理化学研究所発生・再生科学総合研究センター（Center for Developmental Biology：CDB）において博士課程を修了し（指導教官：西川伸一，現在NPO法人AASJを運営），同研究所の丹羽仁史研究室（現・熊本大学）で2年ほどポスドクをした後，ES細胞研究の第一人者である当時イギリス，CambridgeにあったAustin Smith研（現・Exeter大学）にポスドクとして参加しました．当時のSmith研はヨーロッパ中からポスドク研究者が集まっており，成果を出して自国に独立ポジションを見つけて戻っていく流れがありました．Smith研のポスドクは5〜10年と比較的長い人が多く，時間をかけていいサイエンスをしている実感がすごくありました．私がSmith研で過ごした時間も10年ほどと比較的長いものでしたが楽しいものでした．メインの仕事が出るタイミングになった際に就職活動を始めましたが，イギリスを含めてヨーロッパ内のどこかでポジションが得られれば，と考えていました．ただ，パンデミックの真っ只中に世界的に経済的見通しが不安定な時期だったこともあり，大学・研究機関における求人は非常に限られていました．

　イギリスで独立した研究者としてラボを持つには大きく分けて二つの方法があります．一つ目はフェローシップを獲得して好きな場所で独立する方法です．公的研究資金を分配する機関であるUKRI（UK Research and Innovation）に所属するMRC（Medical Research Council）やBBSRC（Biotechnology and Biological Sciences Research Council）といった組織やWellcome Trust, Royal Society, Cancer Research UKやBritish Heart Foundationといったさまざまな財団や組織，慈善団体（これら以外にもいろいろとあります）が若手研究者が独立するためのフェローシップを提供しており，フェローシップを獲得できれば採用するというスポンサーを見つけてこれらに応募し，採択されればそこで研究室を主宰することが可能になります．また，フェローシップという名称ながら自分やポスドク研究員の給料を含めた形で研究予算を申請するので申

請額も大きく，グラントに近い側面があり，とても競争的であるといえます．また，これらを獲得することは大変名誉（prestigious）なことであり，本人の経歴にもかなりプラスになります．そのため，イギリス国内の有名な研究所などにフェローシップに応募するためのスポンサーになってもらうのは大変であり，そのための公募なども存在します．以前はこれらのフェローシップの応募要綱に博士取得後の年数における縛りがあったのですが，現在はその多くが撤廃されています．ただ，スポンサーになる大学側にはやはりその慣習の名残が残っているようで，若い人の方が好まれる傾向はあるようです．フェローシップで独立する場合の利点は，自分のやりたいことをそのまま申請書で提案することになるため，獲得後すぐに人を雇って自分自身が興味のある研究を始めることができることです．また，多くのフェローシップが研究に重きが置かれているので授業を受け持つ義務が少ない点が挙げられます．ただ，後々大学でのポジションを獲得することにつなげるためには，意識して教育歴を積んでおいた方が良いようです．

二つ目の方法は大学や研究所が公募するポジションに応募するという，日本でも一般的な就職活動のしかたです．選考は基本的に，書類選考，プレゼンテーション，面接で行われます．大学のポジションの場合は学部が探している人材とマッチしているかが重要で，教育に関する姿勢や経験も重視されます．資金力があるWellcome TrustやMRCが冠スポンサーになっているような研究所の場合は研究室を新たに立ち上げるためのスタートアップパッケージが用意される場合もあるようですが，一般的な大学のファカルティ（教員）ポジションの場合は，フェローシップと異なり自分の給料は大学が出してくれる一方，研究費は自力で調達してくることが期待されます．したがって，グラントなどへの応募を通じて外部資金を獲得するまではあまり研究を進めることはできません．

私は博士取得後の年数が大分経っていたこともあり，イギリス，およびヨーロッパ本土において行きたい場所の公募が出たらそれに応募するという形で就職活動をしました．その過程で理解したことの一つは，特にヨーロッパ本土でポジションを獲得するにはERC（European Research Council）というEUの国々（厳密にはイギリスやスイス，さらにはトルコやイスラエルといったEUに参加していないより多くの国々が参加しています）が資金を出し合って運営している団体の若手スタートアップグラントが取れそうかというのが一つの目安になっているようだということです．これが取れるとERCに参加しているどこの国のどこの大学であろうが資金を持って移籍することが理論上は可能となりますし，イギリスにおけるフェローシップと同様，とても名誉のあることであり，ポスドクを雇って好きな研究をすぐに始めることができます．ただ，現在のところERCのスタートアップグラントには博士取得後7年以内でないと出願できないという決まりがあります[※1]．自分が

※1　https://erc.europa.eu/apply-grant/starting-grant

就職活動する際にはこの年数をとっくに過ぎてしまっていたので，読者の中で，ヨーロッパで独立したいと考えている方はぜひこの年数を念頭に置くことが重要で，幸運にもポスドクの早い時期にいい仕事が出れば，それは実はヨーロッパで独立する絶好のタイミングであることを覚えておいていただきたいと思います．

◆　　　◆　　　◆

さて，自分がNottinghamにいる理由ですが，コラボレーション先から公募の知らせをもらい，応募したのがきっかけでした．イギリスではCambridge周辺しか考えていなかったのですが，面接の後，少しのスタートアップ資金とテクニシャンをつけてくれるという，大学のポジションとしては研究面で恵まれた条件を提示していただきました．自分の研究を進めるために必要なものはすべてあり，大型機器等を買う必要もなかったのでオファーは自ら研究を進めていく分には十分で，他にも返事を待っている場所もありましたが，とても待っていられない，早く始めたいという気持ちが強くなり，Nottingham大学からのオファーを受けることにしました．というのも，応募していたヨーロッパ本土の他のポジションの話が遅々として進んでいなかった状況があったためです．イギリスではリクルートメントの決定のプロセスがすごく早く，書類選考の締め切りから1カ月ほどで面接に呼ばれるか否かが判明し，その後の結果もすぐに知らせてくれます．一方，自分が応募した中ではとりわけドイツやデンマークなどがすごくのんびりしており，書類締め切りから面接に呼ばれるかがわかるまで半年もかかってしまっ

たなんていうこともザラでした．そこから数カ月後にプレゼン，面接，場所によっては二次面接もあり，そこから結果を知らされるまでさらに数カ月から1年（その時点で第一候補者ではなかったのだと思いますが）と，かなり時間を要しましたので，特に時間的な制約がある方は注意が必要です．

◆　　　◆　　　◆

自分の所属するSchool of Biosciencesはクローンヒツジのドリー作製で有名なKeith Campbell博士が最後に研究を行っていた場所で，独立後はブタやヒツジといった大動物を用いてヒトに焦点を置いた多能性幹細胞研究を進めたいと思っていた自分にとってはうってつけの場所でした．実際，ここ以外に自分がやりたい研究をできる場所はイギリスにあまりなかったと思います．先に述べたように，大学のファカルティ職なので外部資金を取らないとスタートアップだけでは好きな研究を継続できません．なので，最初の1年はグラントの応募がメインの仕事でした．イギリスのUKRIグラントは日本の科研費とは異なり一度リジェクションされたプロポーザルは再提出することは原則禁止されています．なので，あるものでとりあえず出すというのは自分の首を絞めることになり，説得力のあるプレリミナリーデータを添付したしっかりした形の計画書を提出することが求められます．しかも，実際，BBSRCやMRCの採択率は25〜30％程度です．多くの応募がFundable[※2]と判定をされつつも，資金不足のため却下されているのが現状で，かつ再投稿不可な制度と相まって，とてもシビアであるといえます．私は幸運にも1年目でBBSRCのグラントを取得

することができ，独自の幹細胞研究を始めたところです．また，ここでは詳細は割愛しますが，EU離脱後のイギリスでのポスドクのリクルートメントはかなり大変でした．現在はポスドク1人，テクニカルスタッフ1人，修士の学生1人（秋から初めてのPh.D.の学生として参加予定）でラボとしてやっています．Nottingham大学はBBSRCが出資している給料の出るPh.D.課程のポジションの公募が毎年あるので，興味のある修士や学部の学生の方々はぜひ連絡をください（Masaki.Kinoshita@nottingham.ac.uk）．

※2　資金団体によって異なりますが，すべてのアプリケーションはレビューアーと評議会メンバーによって点数化されてランキング化されます．一定以上の値を取得するとFundable，それ以下だとnon-fundableと判定されます．Fundableの中で点数が高いものだけが実際に支援してもらえ，Fundedという最終結果になります．

5章　海外のアカデミアで活路を見出す

Column
5-8

スウェーデンに研究留学し独立する

三原田賢一（熊本大学国際先端医学研究機構，ルンド大学幹細胞研究所）

「三原田さんはスイスにいらっしゃるんでしたっけ？」
　留学当時何度も尋ねられた質問である．それくらい，アメリカやイギリス・ドイツに比べてスウェーデンに留学する人は少ないということであろう．そんな北欧の地に，私は12年間暮らしていた．日本という治安が良く何でも揃う国に比べて，不便なことや愕然とすることもあったが，良いところや楽しいこともたくさんあった．

　スウェーデンで研究を始めてまず感じたのは，「ワークライフバランス」が日本とは大きく異なるという点であった．子どもの学校の行事や親族が来るなどはもちろんのこと，中には「今日新しい犬を迎え入れるので」と言って休んだ同僚もいた．家族が病気だったりすると「早く家に帰れ」と言われるほどである．そもそも，スウェーデンでの一日はのんびりしている．9時ごろに人がラボに現れ始め，それからコーヒーをつくり（スウェーデン人はコーヒーができていなければ，いくら時間が来てもミーティングは始まらない），それを飲みながらのんびりと会話を楽しむ．それからえっちらおっちら実験を開始し，12時ごろになるとお昼を食べる．その後もちろんコーヒーを飲む．午後の実験をして15時ごろにまたコーヒータイム．そして16時半くらいになると帰る人が出始める．日本の大学や研究機関の生活からは考えられない生活である．
　しかし今思えば，居室で椅子に座ってコーヒーを飲みながら研究室のメンバーや席の近い学生らと時に雑談，時に真面目な話をわいわいしていた時間や語らいは，最も楽しいひとときであった．しかも楽しかっただけではなく，そのときにディスカッションした研究のアイデアが，後に大きな発見につながることもたくさんあった．いわゆる「会議」といった雰囲気ではないので，ちょっと突拍子もない意見や鋭い反論でも自由に話し合うことができた．そういう雰囲気であったので，学生も気後れすることなく，自分の意見をどんどん述べ，新たなコンセプトを練ることができた．

155

あくまで一般論として，スウェーデンでは各研究者のプロジェクトの遂行に関しては日本より各自の責任が大きいように感じた．事細かく指示を出す，というPIは少ない．筆者が師事した教授も「自分で考えなさい」とだけ言い，自由に研究をやらせてくれた．また，ヨーロッパでは共同研究や研究協力のフットワークが軽く，行き詰まっているとすぐに他の研究室に相談に行き，似た研究が進んでいるとわかると「では共同研究しましょう」となることがとても多かった．

◆　　　◆　　　◆

筆者はまず2年間のStipend（無税奨学金）をもらう約束で日本の理化学研究所からルンド大学に移った．これは外国人がスウェーデンにて「学習する」という名目で授与されるものなので，額面は少ないが北欧の高い税金が免除される．一方で社会保障はつかない（納税していないため）．通常はこの間に，給与型の助成金を自ら獲得する必要がある．私の場合，幸いにもEUのフェローシッププログラムであるマリー・キュリー・プログラム[1]に採択されたため，さらに2年弱を研究員として過ごした．その後，大きな分かれ目となったのは，「帰国するか」もしくは「PIとして残るか」であった．日本の大学ではPIとしての権利（および責任）を持つのは講座の代表であることが多いため，教授あるいは独立准教授である必要がある．しかしスウェーデンではPIとしての立場とアカデミアにおける職位は別なので，Assistant ProfessorでもPIになることができる．当時の私は早くPIになりた

かったので，スウェーデンで独立する道を選んだ．

では何を基準としてPIと認められるか？といえば，それは純粋にグラントの獲得量である．スウェーデンでは大学からの研究のための交付金が少なく，多くを外部資金に頼っている．研究者がある一定額以上の継続的な競合的研究費を獲得することで研究室運営の資金があるとみなされ，PIとしてのKost-nadsställe（予算番号）が付与される．国内では大小さまざまな公的・民間財団の研究助成があり，EU構成国の研究者としてERC（欧州研究会議）の研究助成に応募することも可能である．安定した研究費の獲得が，即，独立につながるため，その競争レベルはかなり厳しいのが現実である．

◆　　　◆　　　◆

スウェーデンをはじめヨーロッパの研究環境に関して感じる大きな違いは，研究というものに対する社会の理解と寛容さである．文化的な背景もあり，学問に対する尊敬や期待が日本よりも大きいと感じることが多々ある．例えばPh.D.を取得することは大変名誉なこととされ（日本でも同じはずなのだが……），学位取得の際は結婚披露宴のごとくフォーマルで大規模な祝賀会が開催される．両親や親族，縁のある人々が招待され，コース料理を食べながらワインを飲み，夜遅くまでパーティーを行うのだ．そういった学問に対するおおらかな考えの環境の下で自らのやりたい研究を行えるのは大変貴重な経験であると思う．もしヨーロッパに研究留学する機会が得

※1　https://marie-sklodowska-curie-actions.ec.europa.eu/actions/postdoctoral-fellowships

156　　　研究留学実践ガイド

られたら，研究室にこもりっきりで実験する
のではなく，ぜひ外に出て景色を眺め，地元
の人たちと会話をし，文化に触れ，生活を楽

しんでほしい．その体験は，きっと研究や人
生に対する見方を大きく変えてくれるはずで
ある．

Column 5-9

中国の国際的研究所への就職活動

大前彰吾（北京脳科学研究所）

　私は2024年初頭に中国北京にあるChinese Institute for Brain Research（CIBR，北京脳科学研究所）でPIとして独立しました．本コラムでは，中国へのポジション応募に興味を持った経緯や採用決定に至るまでの経験をシェアしたいと思います．

　私は日本でM.D.とPh.D.を取得し，その後アメリカで計11年間ポスドクとNon-tenure trackのAssistant Professorをしていました．元ボスがラボ内の論文を書きたがらず，しまいには就職に論文は関係ないと言い始めるという深刻な問題はありましたが論文等の業績も整い始め，NIHのR34というカテゴリーのグラント[※1]が獲得できたタイミングで独立のための就職活動を始めたのですが，コロナ禍の影響下，アメリカのアカデミアにおけるポジションを巡る競争の激しさや社会の変化もあって大変苦労しました．アメリカにおける多様性推進運動は，これまで科学界でunder-representedであった人々（**6章**を参照）を増やすことをめざす素晴らしい取り組みですが，アジア人男性はこの枠組みに含まれないため，多様性に関する積極的な取り組みの経験や意識をアピールする必要があり，研究業績を積み上げただけではなかなか面接やオファーに進むことができません．そこで，アジアに目を向け，特に中国での独立をめざすことにしました．中国という選択肢は，古くからの友人がCIBRでPIをしており，研究環境の良さや内部事情を伝え聞いていたことが大きく影響しています．また，中国の研究動向に造詣の深い恩師と話したり，実際の面接の経験を通じて，自分の研究者としての特性が，アメリカよりも中国の研究環境に合っているようだと感じるようになりました．ちなみに研究者としての私の特性は，別解提案が得意な「概念ハンター」であることです．私は，脳の

※1　新規プロジェクトの立ち上げを支援するNIHのグラント（実質的にR21のグラントでした．R21はR01プロジェクトを立ち上げる前に支援グラントとして支給されることが多いです．私のグラントはR01と年額はほぼ同じでしたが2年の短期グラントでした）(https://grants.nih.gov/grants/funding/r34.htm)

情報処理メカニズムを理解するうえで，大きな概念（例えば強化学習）を深く掘り下げ，その適用範囲を知り尽くすことに強く惹かれます．さらに私は，大きな概念の深い理解のストックをもとに，正攻法では思いつかないような別解（例えば，「これは強化学習と〇〇の組合わせとして理解できるのでは」のような）を思いつくことが得意です．中国での面接では，私のこの強みを高く評価してもらえたという印象を受けました．

◆　◆　◆

中国の公募は，Nature Careers[※2]，Science Careers[※3]，NeuroJobs[※4] などの欧米の求人サイトで探しました．応募書類はCV，カバーレター，研究計画書，推薦書が基本セットです．私は推薦書を，まず大学院とポスドク時代の指導教官にお願いしました．ちなみにアメリカや中国では，推薦書が推薦者によって直接書かれ，内容も応募者には秘密とされるため，採用担当者はこれを真剣に評価します．そのため，日本の先生に推薦書をお願いして自分が下書きを求められた際には，アメリカの慣習に合わせた力強い表現を用いるよう心掛けました．また，当時所属していたベイラー医科大学の同僚で成功した中国系アメリカ人PIのNuo Li先生と，学部生時代の指導教官で，中国の事情に明るくコネクションもある尾藤晴彦先生（東京大学）にもお願いしました．特に尾藤先生はCIBRのCo-Directorと旧知の間柄で，彼が気合いをいれて私を推してくださったのが非常に強力な後押しとなりました．

中国のポジションへの応募の場合は，中国の研究世界と関係の深い人の推薦も重要だと思います．

◆　◆　◆

書類選考を通過すると，30分ほどのオンライン面接がありますが，この面接はお互いにこのまま話を進めて問題がないかを確認するためだけの非常に簡単なものです（雑談だけのこともありました）．その後，本選考の日程が通知され，トークと面談が行われます．本選考を受けたのは，深圳の南方科技大学（SUSTech），上海のInternational Center for Primate Brain Research（ICPBR），そして北京のCIBRでした．SUSTechとICPBRの本選考はオンラインで行われ，準備期間は2週間弱しかありませんでした．一方，CIBRの本選考は現地で行われ，準備に1カ月以上の猶予が与えられました．トークのフォーマットは，40分で過去の研究，15分で将来の計画について話すというのが典型で，その後，活発な質疑応答が続きます．トークの前後に研究所所属のPIと順番に面談をしました．その際の話題は，大学と研究所という違いもあるかもしれませんが，アメリカで受けた面接よりもサイエンスにフォーカスしているという印象が強く，お互いの専門分野を超えた議論になることも何度もありました．

オファーは，最初にICPBRから，その後CIBRからもいただき，かなり悩みました．ICPBRは本選考の翌日にはCo-DirectorのNikos Logothetis先生から，内々にメールでPI

※2　https://www.nature.com/naturecareers/
※3　https://jobs.sciencecareers.org/
※4　https://neurojobs.sfn.org/

として採用したいと言っていただきました．
Logothetis 先生は視覚野の研究で大発見をした方で，私の大学院生時代からの憧れの研究者であったため，彼に「君の研究は素晴らしい．脳研究におけるアプローチや考え方もとても気に入った」と言っていただき，私の強みを高く評価してくれたことは，本当に嬉しく，大きな励みになりました．結局，若い研究所でPI間にフラットで自由な雰囲気が溢れていること，信頼できる友人がいて助け合っていけそうなこと，研究サポートが手厚いことから，CIBR を選びました．SUSTech は選考途中で断りましたが，SUSTech のホストの先生にCIBR に行くことに決めたと伝えると，「うちは遅すぎて負けた！」という何とも明け透けな返事が返ってきました．このざっくばらんで人間っぽい感じは，多かれ少なかれ中国での選考で感じた特徴で，私を採用しようと頑張ってくれた熱意が伝わってきて有り難く思いました．

新たに立ち上げた私の研究室では，「大脳と小脳が協調して言語処理などの認知情報処理を学習し実行するメカニズム」を研究しています．私たちは，脳の神経細胞の活動を電気的に計測して情報処理メカニズムに迫る電気生理学と，脳に似たAI回路を作成して脳の情報処理をシミュレーションするという計算論的脳科学の二本柱で研究を行っています．後者の研究で2024 年 I 月に独立後最初の論文を出版しました[5]．この論文は小脳回路を模したAI回路をつくり，小脳が行う複数の言語処理を統一的に理解できる「概念」を提案するもので，Nature Communications 誌のFeatured Article にも選ばれた，私の研究特性がよく表れた仕事だと思います[6]．脳の回路計算に興味があり，研究に集中できる環境でサイエンスの大きな問いに答えたいという野心をお持ちの方は，ぜひご連絡ください（sohmae.jp@gmail.com）．

※5　https://pubmed.ncbi.nlm.nih.gov/38296954/
※6　https://www.youtube.com/watch?v=z5sYI-ez7_0

5章　海外のアカデミアで活路を見出す

シンガポールでの独立と起業
事業化がモチベーションでも基礎研究を重視したい！

杉井重紀〔A*STAR（シンガポール科学技術研究庁）〕

　シンガポールは奄美大島ほどの面積の国土に500万人強が住む小さな国で，知財と人財を国の根幹的な資源とみなし，2000年ごろから5年ごとに，政府主導で科学技術政策が策定されてきました．その一環で「バイオポリス」や「フュージョノポリス」キャンパスに設立されたのがA*STAR（シンガポール科学技術研究庁）です．A*STARはバイオ系と工学系合わせておよそ20研究所を擁する政府系機関で，アカデミア研究が活動の中心でありますが，大学とのすみ分けとして，国の経済・産業・医療への貢献，産学連携や事業化をより重視しています．

◆　　◆　　◆

　筆者がA*STAR傘下の研究所に，独立したポジションを求めてやってきたのが2011年．日本で大学卒業後，米国東海岸で大学院留学をし博士号を取得後，サンディエゴでポスドク研究員として研究を続け，計14年を米国で過ごしました．米国での研究生活は充実していましたが，独立した後の研究費の維持が大変だと聞いてましたし，何より食生活に飽き

が来ていました．その折，シンガポールがバイオ研究に力を入れ始めていて，安全な生活環境，食の選択肢が豊富，そしてアジアにあって日本にも比較的行きやすいのが魅力的でした．

◆　　◆　　◆

　シンガポールでは，細胞医療にも使われ始めていた脂肪幹細胞の質に貢献する分子ファクターやマーカーを突き止める研究を始めました．サンディエゴでは人の健康に役立ちそうな研究成果が出ると，スピンオフとして事業化することが多くあり，ボスや同僚が当たり前のように起業しているのを目にしてきました．シンガポールも，米国のバイオテックハブのようなエコシステムを構築しようとしていて，事業化に向けた支援もありました．私自身も，細胞生物学の基礎研究をすることに主な興味があったものの，研究成果を実際の社会に役立てられれば良いなと思っているうちに，細胞医療に使えそうな技術を見出し特許を申請，これをもとに2016年に最初のスピンオフ起業をしました．スタートアップで

の研究活動も進み，2019年にはシリーズA[※1]の資金調達を完了し，自分は新しい研究分野への興味が湧いたこともあり，共同創業者に後を譲りました．

このころちょうどシンガポール政府が「30 by 30」計画という，2030年までに食料自給率を30％に増やすという目標を掲げたときで，従来の農業ではなく，新しい方法で自国で食糧生産をめざすというものでした．これにより，「細胞農業」の分野にも研究費が下り始めた時期です．私も細胞農業の一分野「培養肉」の研究に魅力を感じ，肉の主成分である脂肪に自分の専門知識を貢献できると考え，研究を始めました．そこでより健康に直結するオメガ3脂肪酸が多く含まれる，「魚の脂」に注目しました．そして魚脂肪の細胞株が存在しなかったので，これらを食用の魚種から樹立することからスタートしました．また培養方法，増殖や分化のやり方も，ヒト・哺乳類細胞の方法ではうまくいかず，魚に特化した方法を試行錯誤のうえ，確立させることに成功しました．魚らしくオメガ3脂肪酸も多く含ませることができました．これらの知財をもとに，「インパクファット」という会社を2022年に起業しました．インパクファットでは，確立した魚脂肪株の三次元培養方法をもとに，バイオリアクターを用いてスケールアップし，より味と食感を向上させ，栄養のある魚の脂を大量生産することをめざしています．

政府の政策もあって，シンガポールではフードテックの分野が盛り上がりを見せています．研究活動や事業化支援の方も充実してきており，ベンチャーキャピタルやアクセレレーター・プログラムも多く立ち上げられています．またA*STARもインキュベーション・ラボを設立していて，インパクファットのラボもここに間借りして研究開発を行っています．私自身は，A*STARの研究者として研究活動を維持しながら，創業者兼アドバイザーとしての立場で開発に携わっています．自分の時間のマネジメントは大変になりますが，将来的に役立つ研究をしているという実感は，よりモチベーションにつながります．そして，うまく応用に持っていくには基礎研究の柱もよりしっかり構築しなくてはと，痛感している今日この頃です．

シンガポールで主任研究員として研究しながら起業して両立できているのには，米国での大学院留学とポスドクでの研究経験が大いに役立っています．米国大学院では，入学しても最初はさまざまな専門の授業を履修せねばならず，ディスカッション主体のクラスもありました．2年目にQualifying Exam[※2]があり，これに合格しないと博士課程前期で辞めないといけません．発表の機会も多くあり，英語のハンデを負いながらついていくのにかなり苦労しましたが，このとき努力したおか

※1 投資ラウンドとよばれるスタートアップ企業に投資をする際のフェーズの一つで，企業が提供する予定の製品が市場に有益であることが客観的に示された段階を指します．
※2 大学院によって形式が違うが，私のところの場合，自分で新しい研究テーマを設定しそれについて研究費申請と同じ要領で提案書を書き，3人の教授陣に口頭で質疑応答されます．

げで，その後ジョブインタビューや日々のラ
ボマネジメント，グラント申請，学内外での
プレゼン，外部評価委員による質疑応答など，
難関をクリアすることができました．また将
来アカデミアの研究者になるつもりでなくて
も，米国大学院ではいろいろなプログラムが
あり，専攻外のコースや経験を積むこともで
きます．私のラボメイトでも大学院在学中に
MBAのコースを履修し，修了した後立ち上げ
た技術系スタートアップが成功し，上場企業
の社長をやっている者もいます．米国大学院
の博士課程は，基本的に授業料免除で生活費
も出るので，単身でやっていくのに自己費用
はほとんどかからず，コストの面でも非常に
助かりました．将来海外で活躍したいと考え
ている大学生や修士課程院生には，大学院留
学も選択肢の一つとして検討してみることを
おすすめします．

6章

DEI（Diversity, Equity, Inclusion）を知り，実践する

船戸洸佑，樋口 聖，外山玲子

DEI は Diversity, Equity, Inclusion の頭文字を並べた言葉です[1]．アメリカでもここ数年，以前に増してよく目にするようになりました．日本に比べて多様なバックグラウンドの人たちと日常的に接する機会がはるかに多いアメリカの生活．DEI はアメリカ生活のいろいろな場面に浸透しており，そしてそれを意識することにより多様な価値観を受け入れ，よりパワフルな社会を構築していくために必須なコンセプトです．研究の場でも DEI は常に意識され，異なるバックグラウンドの学生や研究者が等しく研究に参加できるよう種々の活動が行われています．そのためアメリカで研究に従事するにあたっては，DEI の理解は避けて通れません．本章では，日本でまだ馴染みの薄いこの言葉の意味するところを，実際の研究生活で出会う場面に即して，座談会形式で具体的に解説していきます．

1 ダイバーシティーの国アメリカ

外山 上記のように，アメリカでは DEI（Diversity, Equity, Inclusion）を生活のあらゆる場面で意識することが多くなりました．それはアカ

※1 最近アメリカでは DEI に Accessibility を付け加えて DEIA と表記されることが多い．

164 　研究留学実践ガイド

デミアや企業の研究の場でも例外ではありません．日本でもダイバーシティーという言葉は広く使われるようになっていますが多くの場合，ジェンダー問題（ジェンダーギャップ解消やジェンダー平等の実現）の一環として語られることが多いと思います．でもアメリカではもっと広義に使われています．まず最初に，皆さんに日本からアメリカに来てダイバーシティーに直面した具体例を伺いたいと思います．

船戸　私は最初ニューヨークにいたので，世界中から人が集まっており，ラボも研究所も街全体もダイバーシティーがあるのを強く実感しました．文化的にも人種的にも多様な環境に放り込まれるというのは，やはり刺激が強かったですね．

外山　何カ国くらいの人と一緒になりましたか？

船戸　数えたことはないですが，間違いなく20は超えていますね．

外山　「人種のるつぼ」[※2]といわれるニューヨークですけど，まさにそのことを実感されたのですね．樋口さんもニューヨークですけど，いかがですか？

樋口　私もガーナ，スペイン，韓国など，ざっと10を超えるくらいの国の人と一緒に仕事をしてきました．国籍の多様性以外のことでは，女性PIとか女性が学部長というのが非常に多かったことが印象的でした．日本では感じなかったことの一つですね．

外山　私は渡米後ずっとワシントンDCの隣のメリーランド州ベセスダのNIHで働いていますが，ラボで今までに36カ国からの人と出会いました．アメリカでは日常的に多彩なバックグラウンドの人に出会いますからいろいろと新しいことを経験します．私が最初に驚いたのは，国や文化，宗教によって食物に制限があることでした．例えば，ユダヤ教信者は豚肉を食べません．食物アレルギーや好き嫌いとは別に，文化的に食べられない食材に配慮することを初めて学びました．

船戸　まさに，ポットラック（料理持ち寄りのパーティー）のときは，

※2　「るつぼ」という表現には賛否両論があり，「サラダボール」や「万華鏡」という表現も用いられる．

いろいろな国の家庭料理を食べることができ，楽しい経験でした．自分は日本人なので，日本料理を持っていくのですけれども，豚と牛を食べない人が参加していたので，鶏肉で唐揚げをつくったら喜ばれて，嬉しかったですね．

樋口　料理以外となると子育てですね．うちの子どもは現地の公立校に通っているのですが，いろいろな人種の人の中で過ごしています．また，夜のダンスパーティーなど日本では考えられないイベントがたくさんありますね．あとは，パジャマデー！

外山　学校にパジャマを着て来るイベントですね！

樋口　はい．学校には，多様な背景を持った人がたくさんいます．例えば，親が移民の一代目で，家庭では英語以外の言葉を話し，親の国の文化で生活する人も多いです．私の子どもたちも家では日本語を話し，日本の一般的な育てられ方をしていますが，学校ではアメリカの文化に浸っています．子どもがいろいろな感覚の中で，多様性を感じて育ってくれているのはアメリカならではと思いました．

外山　アメリカは日常生活の中にダイバーシティーが浸透している世界なのですね．皆さんダイバーシティーに対するポジティブな経験をお持ちです．それがアメリカ生活を彩っているのですね．

2 「女性が半分」はもはや常識：多くの女性が活躍するアメリカ社会

外山　ここで日本でもダイバーシティー関連で話題になるジェンダー平等，とりわけ女性研究者の話に触れたいと思います．先ほど樋口さんが女性PIの話をされていましたが，もう少し深掘りしていただけませんか？

樋口　私がコロンビア大学で働いていたときのPIは女性で，とてもよく面倒を見てくれました．これまで社会的にキャリアを形成することが

難しかった女性が進出することで，多様性が生まれ，それによって次世代の人にも恩恵があるのではと感じました．私が研究で困難なことがあったり，過去の業績面で悩んでいたときに「過去は関係ない，あなたがこれから何ができるかを見ているから，その日その日のベストを尽くしなさい．あなたが頑張っているのはわかっているから勝つまでやりなさい」と言われたことは強く心に残っています．

外山 めげない，やめない，諦めないですね．

樋口 まさしくその通りです．アメリカではやり直しがきく，じゃないですけど，その言葉で気持ちが上向きになり，その結果アメリカでキャリアを築くことができました．また彼女にキャリアのプランニングなども指導してもらえて，ものすごく支えてもらった経験があります．アメリカの多様性のおかげで私自身がキャリアを築けた部分があると思います．これから日本でも，多様な人々が社会進出すれば日本の科学界も変わっていくのではないかと思いました．

外山 いろいろなキャリアの築き方もダイバーシティーの一つですね．サクセスストーリーの連続で順調にキャリアを築いていく人だけではなく，右往左往したり，いろいろ苦労して現在の立場にたどり着いた人たちもいるというのがキャリアパスのダイバーシティーです．**いろいろなキャリアパスの人がサイエンスの世界で活躍することによって，次世代の人に多様なロールモデルを提示することができる．それが次世代の研究者を育てていく道筋になります．**船戸さんの分野（脳腫瘍）ではいかがですか？

船戸 私のポスドク時代のメンターは女性の脳神経外科医でした．彼女は脳神経外科という，アメリカでも女性が少ない職場でキャリアを積んできた人なので，とても尊敬しています．この前アメリカの脳腫瘍学会に行ってきたのですが，学会で発表している人や，座長，そして理事までも半分が女性でした．話を聞いてみたところ，米国脳腫瘍学会自体が，10年前からダイバーシティーのことをすごく意識して取り組んできたそうです．

外山 まさに10年越しの成果が実っているのですね．私も日本では女性が圧倒的に少ない環境にいたのですが，アメリカに来たら女性研究者がたくさんいる．PIもいれば，ポスドク，大学生や大学院生の女性がたくさんいる．こんなに女性がたくさんいる世界もあるのだと嬉しかったです．当初は，さすがにアメリカは進んでいると思いその印象を話すと，他の女性研究者から「ノー，ノー，まだ女性研究者は対等に扱われていない」と言われました．例えば給料格差．今はかなり是正されましたが，1990年代くらいまでは，給料格差が明らかでした．NIHにおける女性研究者の地位向上はNIH初の女性所長Dr. Bernadine Healyに負うところが大きいです．彼女がリーダーシップを発揮して当時の女性研究者の置かれていた状況を分析し，その結果をもとに女性研究者の地位向上が実現しました．リーダーが問題意識を持ちそれを改善しようとするのが効果的なことを実証したケースです．アメリカでは男女平等が浸透しているように見えますが，今でもまだ決してそうとは言い切れません．業界によってはサイエンスの世界よりもジェンダー格差が大きいようです．

　2024年に就任したNIH所長は歴代2人目の女性です．NIHは27の研究所で構成されていますが，今や半数の研究所の所長が女性となっています．かなり積極的にリーダーの多様性を促進した結果と思います．またさっき船戸さんのお話にあったように，アメリカでは，学会やシンポジウム運営でもオーガナイザーからスピーカーまで半分は女性にすることが常識になっています．

3 レイシャルダイバーシティーとエスニックダイバーシティー

外山 女性のみでなく他のマイノリティーを積極的に取り込む活動が活発になったのはここ10年ほどです．アメリカでも一朝一夕に現在の状況に至ったわけではなく，多くの人がダイバーシティーの促進に努力

6章　DEI（Diversity, Equity, Inclusion）を知り，実践する

した結果，皆の意識のベクトルが同じ方向に向かい大きな流れになった気がします．アメリカでは常に話題になりますが日本では話題にのぼることが少ないのが人種のダイバーシティーでしょう．皆さんの経験から伺いたいのですが，ラボに何人くらい白人以外の人種の人，例えばBlack（黒人）がいましたか．

樋口　テクニシャン含めて3人ですね．ポスドク5人のうちの2人が黒人で，あと，テクニシャンが黒人でした．

外山　それはアメリカで生まれ育った方ですか？ それともカリブ海やアフリカ出身の方ですか？

樋口　ポスドクのうち1人はアフリカのガーナからです．もう1人はアメリカで生まれ育って，アメリカで教育を受けてPh.D.を取得した人です．テクニシャンもアメリカのメディカルスクールに行く準備期間に，テクニシャンをしていました．

船戸　私がいた2010年代のスローンケタリングでは，黒人のポスドクや学生は，ほとんどいなくて驚いた記憶があります．現在いるジョージア大学では学部生や大学院生の1割ほどが黒人ですが，生物系のファカルティとなると，総勢150人以上いる中で黒人はたった5人しかいません．

外山　人種のダイバーシティーと一言で言ってしまいましたが，アメリカではレイシャルエスニックダイバーシティーとまとめられることが多いです．

　　レイシャルは人種です．①白人，②黒人（アフリカンアメリカン），③アジア人，④アメリカンインディアン※3およびアラスカネイティブ，そして，⑤ネイティブハワイアンおよびパシフィックアイランダー，という5つがアメリカのレイシャルグループです．ところがアフリカンアメリカンといってもアメリカ出身か海外からの移民かで，肌の色

※3　一般的には「ネイティブアメリカン」という言葉がよく用いられますが，政府系機関や一部の部族では「アメリカンインディアン」という呼称も使われています．また「Indigenous（先住の）Americans」というよび方もあります．

169

は似ていても彼らは文化的バックグラウンドが全く違います．またアジア人といってもそこにはものすごい多様性があります．ちなみにアメリカでアジアというと日本から東南アジア，そしてインド，アフガニスタンも含まれます．ようやく最近，これをみな「アジア人」と括ってしまっていいのかと，アジア人の中の多様性が議論されるようになってきました．

エスニシティーというのは民族性と訳されますが，アメリカでは特にヒスパニックかそれ以外かという分類を指すことがほとんどです．ヒスパニックとは本人あるいは先祖がスペイン語を母語とする国出身の人を指します．これは言語の背景による分類です．国でいうと中南米，スペインにルーツを持つ人たち．この人たちは人種でいうと白人に属することが非常に多いですが，アフリカンアメリカンのヒスパニックも存在します．ちなみにこの定義でいうとブラジルがルーツの人はヒスパニックに入りませんが，中南米の文化的背景を持つ人たちを指すラティーノにはブラジル出身の人も含まれます．この他，さまざまな形のダイバーシティーが存在し，多民族・多文化国家のアメリカではこれらを啓蒙するさまざまな活動が行われています（ memo 参照）．一部は日本で生活をしていると聞き慣れない，ピンと来にくい概念だと思います．皆さん慣れるまでは戸惑われたことと思います．

船戸　私も，最初はわかってなかったですが，Black Lives Matter（BLM）が契機になりそこから勉強するようになりました．

外山　BLMは2013年から始まった社会運動ですが，2020年5月ミネアポリスでの黒人のGeorge Floydさんの死亡事件で大きく関心が寄せられるようになりました．コロナウイルスパンデミックで社会全体がきわめてストレスの高い状況に晒されていたことも関係している気がします．その後アジアンヘイトが表面化し，アジア人を攻撃する事件が起こり始めました．どちらもレイシャルな差別です．

　サイエンス分野でも，黒人の研究者はNIHグラントの獲得率が白人のそれより有意に（10％程度）低いという論文が発表され[4]，大きな

6章　DEI（Diversity, Equity, Inclusion）を知り，実践する

問題になりました．詳細は**Column 6-1**にて記載しますが，この報告に基づくその後の調査から，特に黒人研究者はグラントに応募する機会や申請書準備のトレーニングを受ける環境が十分に与えられていない傾向にあることが示唆されました．能力がある人が人種や性別によって差別され，平等にチャンスが与えられないのはおかしい，という人権意識が根底にあると思います．

---

memo　アメリカの主なダイバーシティー関連月間

　アメリカでは，ダイバーシティーを啓蒙することを目的にさまざまな月間が定められており，以下にその代表的なものを列挙します．

- **2月　Black History Month**：黒人が歩んできた歴史を再認識し，その努力と献身を称える．1月16日のキング牧師記念日や6月19日のJuneteenth（奴隷解放記念日），年末のKwanzaaも同様に重要．
- **3月　Women's History Month**：アメリカの歴史において女性が果たしてきた役割に焦点を当てる月間．国連決議により3月8日は国際女性デーと定められている．
- **5月　Asian American and Pacific Islander Heritage Month**：アジア系アメリカ人や太平洋諸島にルーツを持つアメリカ人（ハワイ先住民など）の歴史や文化を学ぶ．ちなみに，5月はJewish American Heritage Month（ユダヤ系アメリカ人文化遺産月間）とも定められている．
- **6月　Pride Month**：LGBTQ＋（性的マイノリティー）に対する理解を深め，偏見をなくすためのイベントが多数行われる．全米各地で開催されるプライド・パレードが代表的．
- **11月　Native American Heritage Month**：アメリカ先住民族の歴史や文化を学ぶ．また，近年は10月14日のColumbus DayをIndigenous Peoples' Dayと言い換える（もしくは併記する）ところが増えている．
- **11〜12月**：アメリカでは，11月から12月にかけていろいろな行事が詰まっている．代表的なものでは，ヒンドゥー教のディワリ（Diwali），キリスト教プロテスタント系移民の収穫祭がルーツになっている感謝祭（Thanksgiving），ユダヤ教のハヌカ（Hanukkah），キリスト教のクリスマス，それに前述のKwanzaaがある．このため，すべてまとめてHappy Holidaysという挨拶がよく使われる．

※4　https://pubmed.ncbi.nlm.nih.gov/21852498

船戸　アメリカでは，Underrepresented Minority（URM）という言葉をよく使いますね.

外山　アメリカのバイオメディカル研究分野においては，それぞれのグループの人口比に比例した率より研究者人口が少ないグループをURMとみなします．例えば女性は人口の約半分を占めますから，差別がなければすべてのキャリアレベルで女性研究者は全研究者数の50％を占めるはずという考え方です．実際はそうではありませんから女性はURMとみなされます．黒人の場合は全人口に対する比率が約14％なのにライフサイエンス系の職業に就く大学卒の就業者の4％しか占めません．ヒスパニックも同様な傾向があります．URMが生じる原因にはさまざまな要因が複雑に絡み合っているのですが，多くの場合URMグループの人々は他のグループに比べて同等な機会を与えられていないことが大きな要因と考えられています．それには経済的サポートの機会，最新情報に接する機会，良い指導者に恵まれる機会も含まれます．URMのサポートに指導者が果たす役割はかなり大きいと思います（Column 6-2参照）．また，大学単位でもさまざまな活動が行われており，セントジョーンズ大学では，学生が試験を受ける際や研究室での研究活動において国籍や宗教的な背景，個人の健康上の問題に対して適切な処置を行うように通達されています．また，ファカルティとして着任した年にはURMグループに対する指導のしかたや問題が起きた際の対処のしかたをケースレポートのような形で学びます．キャンパス内で何か問題が起きた場合には中立な立場で問題の解決に努める部署もあり，すべての学生が同等な学びの機会を得られる努力がされています.

4　PIに求められるダイバーシティー促進の心得

外山　アメリカでは日本人はアジア人というマイノリティーの一員です.

6章　DEI（Diversity, Equity, Inclusion）を知り，実践する

われわれの存在そのものが研究コミュニティーのダイバーシティーを拡める一助となるわけですが，より積極的にダイバーシティー促進にかかわる活動をされた経験を伺いたいと思います．

　船戸さんも樋口さんもジョブハントのときに応募した大学からDiversity Statement（DS）を求められたとのことですが，それについて教えていただけませんか？

船戸　今ではアカデミアの公募で多くの大学からDSの提出を求められます（**Column 6-3**参照）[5]．独立をめざすなら早いうちからDEIについて考えておくべきでしょう．

樋口　私はジョブハントを始めたばかりのとき，DSについて全く何を書いていいのかわかりませんでした．周りに相談したり自分で勉強した結果，所属ラボでのボスの取り組みとか，多国籍のラボメンバーの中で研究してきた経験をもとに書いて応募したという経緯があります．ボスのラボ内での取り組みは，多様なバックグラウンドのポスドクそれぞれに最適な指導をするというテーラーメイドなものでした．これは個々のポスドクの可能性を最大に引き出し，ひいてはサイエンティストのダイバーシティー促進につながる有効なアプローチだと思いました．

外山　Individual Development Plan（IDP）ですね．具体的に教えていただけますか？

樋口　毎年ボスとポスドクが個別に2〜3時間かけて年間計画書をつくります（**Column 6-4**参照）．そこではまず自分で過去1年の達成をリストアップして確認，次の1年間の目標を立て，さらに将来のキャリアのプランを盛り込みます．そしてその実現のためには何が必要かをボスと意見交換しました．この経験をもとに私はDSにIDPの実施，さらにはURMの人には特別なフェローシップへの応募，英語を母国語としない人にはグラントライティングセミナーや語学学校への参加支

---

[5]　2024年現在，DSの妥当性と有効性について議論が再燃しており，今後，DSに対する扱いが変化していく可能性があります．

援等を考えていると書きました．私の所属しているセントジョーンズ大学の学生はすごく多国籍です（**Column 6-5**参照）．海外から直接来ている学生もいれば，親と移民してきて1世としてアメリカの大学に初めて進学した学生もいる．所属が薬学部なので将来薬剤師になりたい学生や医学部に進学したいと思っている学生も多いです．いろいろな意味でダイバーシティーが高い環境です．研究に興味を持つ学部生も多いので，自分のこれまでの経験を生かして学生に多様な世界を見せてあげることで，彼らの可能性を広げてあげたいと思っています．私はアメリカで自分の可能性を広げてもらったという思いが非常に強いので，今度は，Pay it forward の精神で次世代の彼らのキャリア形成に役立てられたらいいなと思っています．

外山 自分の経験から次の世代に伝えていくのはすごく説得力があります．ところでポスドク時代に受けたIDPはすごく有効だと思うのですが，これを日本で受けた経験はありましたか？

樋口 なかったですね．びっくりしました．ボスが「ここができてるけど，ここはもう少しやった方がいい．そのためには，このセミナーを受けた方がいい」とか，具体的に提案してくれるのです．

船戸 私も，アメリカに来て，ポスドクとして初めて経験しました．とてもいいと思ったので，今はPIとして，自分のラボでも使っています．コミュニケーションもそうですし，学生やポスドクと，ただのデータだけではなく，長いスパンで見たキャリアパスを議論する機会があるのはいいことです．

5 似ているけれど違う Equity と Equality

外山 ここで話題をDEIのうちのE（Equity）に進めたいと思います．ここでまず指摘しておきたいのは，EがEqualityではなくてEquityだということです．**Equality**はすべての人に同じものを与える発想です

6章　DEI（Diversity, Equity, Inclusion）を知り，実践する

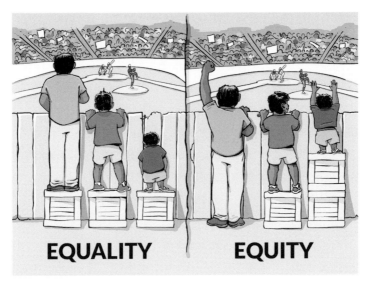

図◆EqualityとEquityの違い
Interaction Institute for Social Change | Artist: Angus Maguire. 使用条件
（CC BY-SA 4.0）に沿いクレジット表記のうえ転載.

が，Equityはいろいろな理由でスタート時点で不利な立場にいる人たちにはより大きなサポートをあげようという発想です．最終的に見える景色はみんな同じにしてあげようということです．URMの人たちに同等な機会を提供するための要になる考え方です．これを表現するすごくわかりやすい絵があります（図）．

樋口　垣根の前に3人立っているものですね．

外山　日本では，皆に同じ高さの踏み台を与える（Equality）のがフェアだという考え方が主流だと思います．アメリカでは，同じ踏み台にのぼっても背が低い子どもはフェンスの向こう側でやっている野球の試合が見えない．でも，みんな一緒に野球を見たいよね，大谷選手を見てみたいよねと．それなら背が低い子にはもっと高い踏み台をあげよう，肩車をしてあげよう．これがEquityの考え方で，アメリカではかなり受け入れられています．日本でもわかりやすい例を挙げるとす

ると，視力が弱い生徒は眼鏡をかけて皆と同じように黒板の字が見えるようにする，という考え方です．

船戸 日本でも所得という点に関しては，それなりに受け入れられていますよね．例えば親の所得が少ない学生が優先的に奨学金をもらえたりします．アメリカの場合は，Socioeconomic Status といって，**社会的背景も考慮の対象に入ってきます．人種のみならず，例えば今まで家族の中で大学に行った人がいなかった家庭の出身者（First Generation）とか，移民が対象になります．**いろいろな状況を考慮して，リソースが少ない人にリソースをあげようという発想です．

外山 Disability, いわゆる身体的・精神的ハンディキャップを持つ人たちにも同様な対応が求められます．例えば色覚障害とそれに対する対応は日本でも広く認識されていると思います[※6]．アメリカでも公式発行物やセミナーでのプレゼンテーションは色覚障害の人も理解できる形式（色調等）にする配慮がなされます（508 コンプライアンス）．これは色覚障害の人たちがそれ以外の人たちと同質な情報にアクセスできるようにする配慮の一つです．

樋口 私は色覚障害で緑と赤がよく区別できませんので，ラボの人の図を見ていましたよ．「Sei 見てくれるか」と．

外山 私のまわりにも色覚障害の人がいて，内部資料やPowerPointのプレゼンテーションでも「これではわからない」と言われることがあります．こういう場面に日常的に触れていると自然と意識も高まります．この色の組合わせで大丈夫かな，と常に考えるようになる．また私の部署には車椅子を常用している人が4人いますが，彼らの存在は職場できわめて自然に受け入れられています（Column 6-6 参照）．**身近にハンディキャップを持つ人がいる環境は理解と気づきを増やします．これもダイバーシティー促進のメリットの一つでしょう．**

[※6] 岡部正隆先生（東京慈恵会医科大学）と伊藤啓先生〔東京大学（当時），現在はドイツ〕が色覚障害の人にも見やすいプレゼや論文に関する啓蒙活動をされています．https://www.nig.ac.jp/color/bio/

6章　DEI（Diversity, Equity, Inclusion）を知り，実践する

6 Inclusion は思いやり

外山　ダイバーシティーを促進するための行動がDEIのI（Inclusion）に当たります．**すべての人を尊重してコミュニティーに受け入れ，そして各人の能力を十分に発揮してもらうこと**を指しますが，これは実は大変難しいと感じます．この実践には個人の意識と行動が大きなファクターになります．Inclusionの実行にはかなり意識的に取り組まなければならないことを示唆する論文の一つを紹介します．全く同じ経歴と業績のジョブアプリケーションを男性と女性の名前でそれぞれ提出した場合，採用率に違いがあるかを調べたものです[7]．ちなみにアメリカでは履歴書に性別と年齢は書きません．

船戸　その論文を知りませんでしたが，同様の手法を使った論文は見たことがあります．

外山　皆さんも予想されるように男性名のアプリケーションの方が採用率が高く，しかも初任給が高く提示された結果となりました．業績も経歴もすべて同じなのに名前から示唆される性別の違いだけで結果に差が出たということは，選ぶ側にジェンダーバイアスがあるということです．面白いことに雇用者が男性でも女性でも，男性の応募者を選ぶ傾向がありました．雇用に際してジェンダーバイアスが禁物なことはアメリカでは広く認識されています．それでもこの差がみられたということから，この場合のジェンダーバイアスは無意識のバイアス（implicit bias, unconscious bias）の結果と考えられます．**人間は自分は公平な判断をしていると思っていても，どこかでついバイアスがある判断をしてしまうことがあります**．それを自覚すること，そしてそれを極力排除するように心がけることがダイバーシティーを促進するにはきわめて大切です．私はそのためのトレーニングを受けたことがありますがご存知ですか．

※7　https://pubmed.ncbi.nlm.nih.gov/22988126

樋口　無意識のバイアスについてのトレーニングは受けたことがないですね．その事象は知っています．別のオンライントレーニングの一部でこの点に触れられていました．

船戸　私も，このオンライントレーニングは受けたことはありますが，深く議論する機会はほとんどなかったです．今は自分でラボを持っているので，話をする機会を積極的につくろうとしています．いろいろなバイアスは人が成長する過程で自然にできてしまうのですけど，それに気づかないとそのバイアスに基づいた発言によって人を不快にしてしまうことがあるのですね．私自身何度も，やられる側になったり，そして，やってしまう側になった苦い経験があります．

外山　Microaggression ですね．悪気はないけれど相手を傷つけてしまう．

船戸　人に悲しい思いをさせてしまうのであれば，それを減らさないといけません．ただ，自分だけだと，自分の育ってきた価値観の外の世界は見えづらい．見えている人には，色覚障害の人が見ている世界はわかりづらいし，言われないと気づきません．**私は Inclusion の基本は思いやりだと思います．だから，お互いざっくばらんに言い合える環境が大事なのだと思います．**

外山　やはり PI になると研究だけでなくラボのメンバー全員が実力を発揮できる環境を整えることも考えないといけない．そこから次世代の研究者の多様性が確保されていくわけですから．私の職場では職員から学生まで全員が毎年ダイバーシティーの理解を深めるトレーニングを受けなければなりません．義務的にトレーニングを受けることによって，日常あまり関心を持たない人たちにも問題点を認識してもらう効果は絶対にあります．また，日本の常識で何気なく言っている言葉が日本では誰も傷つけてなくとも，アメリカでは誰かを傷つけているケースがあり得ます．トレーニングを受けることにより具体的な事例を学ぶことができ，気づくきっかけとなります．ですからアメリカに来て，機会があればこのようなトレーニングを積極的に受けてほしいと思います．私が受けたトレーニングの多くは具体例が多くまたインターラ

クティブなものだったので，飽きずに興味が持続しました．教材として
てよくできているなと感心しましたし．自分の所属している機関で受
けるのもいいけど，船戸さんと樋口さんは有志による勉強会を開催さ
れているそうですね．

船戸　はい，そうです．DEIに意識のある人を増やしたかったのと，私
自身，そういうのを話せる仲間が欲しかったのですね．仲間がいると
行動しやすくなるので．

外山　日本の常識や感覚の延長でいると気づかないことが，アメリカで
は常識になりつつあります．そういう話題を話し合う場を自分から積
極的につくっていくのが大事なことだと思います．

樋口　ダイバーシティーの取り組みは，教科書がないんですよね．何が
正解かもわからない．特効薬もないじゃないですか．いろいろダイバー
シティーの本を読む中で心に残ったのが，自分たちの世代で少しでも
変えていくことが未来のためになるということです．まさにアカデミ
アは教育の側面もあるので未来につながる仕事だと思っています

船戸　やはり，これは10年，20年という長いスパンの話であって，そ
の中に私たちが入って，その流れを進めることができるかということ
なんですね．

外山　今はDEIが大きなうねりになりつつある時期だと強く感じます．
その現場にいられるのは，この問題に関心を持っているわれわれにとっ
てはラッキーな状況だと思います．日常的にいろいろな取り組みを学
び参加する機会があります．以前はともすればあまり関心を持っても
らえなかったダイバーシティーに関する話題の認識が高まり，議論さ
れる機会が多くなったのは嬉しい変化です．これからアメリカに来る
予定の人たちには，研究のみならず日本では接することの少なかった
研究環境のあり方や将来についても，肌で感じて考える機会にしてい
ただきたいと思います．

◆ 参考文献

- Saad LF:"Me and White Supremacy: Combat Racism, Change the World, and Become a Good Ancestor", Sourcebooks, 2020
- Kendi IX:"How to Be an Antiracist", One World, 2019

著者プロフィール

船戸洸佑
ジョージア大学(UGA) Assistant Professor. 2011年, 東京大学大学院理学系研究科修了, 博士(理学). 同年より, 米国スローンケタリング記念がんセンター脳神経外科 Viviane Tabar 研究室にてポスドク. '21年に現所属で独立. 主にヒト胚性幹細胞(ES細胞)をモデル系として用いて, 小児脳腫瘍発生の分子機構の解明と新規治療法の開発をめざす.

樋口 聖
セントジョーンズ大学 Assistant Professor. 2011年, 福岡大学大学院薬学研究科修了, 博士(薬学). 京都大学で4年間ポスドクを経験し'15年に渡米. 米国コロンビア大学で Rebecca Haeusler 研究室にて代謝研究に従事. '22年に現所属で独立. 腸管内環境と代謝性疾患の関連を明らかにすることで, 肥満や糖尿病, 心疾患に対する新しい治療戦略の構築をめざす.

外山玲子
東京大学大学院理学系研究科修了, 博士(理学). 大学院時代は酵素の精製とその解析を *in vitro* で行う生化学に没頭. ポスドクとして渡米後は米国国立衛生研究所で発生学に転向. 他の研究者と共同で試行錯誤の末, 米国国立衛生研究所で初めての zebrafish のラボを立ち上げる. その後一貫して zebrafish をモデルとした脊椎動物の初期発生メカニズムを研究. 2016年に発生生物学臓器形成部門のプログラムディレクターに就任. 一貫して若手研究者とりわけ女性やマイノリティー研究者のキャリアデベロップメントの支援と DEIA 推進に力を注ぐ.

6章　DEI（Diversity, Equity, Inclusion）を知り，実践する

Column
6-1

Ginther Report とその影響

外山玲子

　2011年にカンザス大学経済学教授でInstitute for Policy & Social Research 所長のDonna Gintherらが『Race, Ethnicity and NIH Research Awards』という論文を発表した[※1]．これは公開されているNIHのグラントデータベース等をもとにNIH R01グラント（最も一般的な研究グラント）獲得率と応募者の人種の関係を調べたものであり，「Ginther Report」とよばれている．サイエンティフィックに評価の高い優れた申請書は応募者の人種にかかわらず研究資金を獲得できるはずであるが，黒人（アフリカンアメリカン）の申請書は，教育レベル，トレーニング経験，論文数，出身国などの条件を考慮しても，白人の採択率29.3％に対して黒人のそれは17.1％と約12％も低い傾向にあることが報告された．またアジア人の申請書（採択率25.5％）も白人のそれに比べて約4％採択率が低いことも判明した．

　この結果を踏まえてNIHは諮問委員会を設置し，委員会は2012年に医学生物学研究に従事する人材の多様性促進に向けて提案をまとめた．その提言に基づきNIHはいくつかの新しいプログラムを開始し問題の改善を図った．主なものを以下に紹介する．

National Research Mentoring Network（NRMN）

　上記のGinther Reportでは，大学院やポスドクの期間にフェローシップやトレーニンググラントのサポートを受けた個人はR01グラントの採択率が高いことがすべての人種において示され，若手研究者への指導の重要性が確認された．若手指導の一環としてメンタリングを促進する目的で，全国的なメンタリングネットワークNational Research Mentoring Network（NRMN）[※2]が開設された．これはメンタリングを通して多様なバックグラウンドの人材のトレーニングやキャリアデベロップ

※1　https://pubmed.ncbi.nlm.nih.gov/21852498
※2　https://nrmnet.net

メントをサポートすることを目的とし，現在8,000人以上のMentor（指導する側）と15,000人以上のMentee（指導される側）が登録している．大学学部生から大学のファカルティやリサーチアドミニストレーターまで幅広い職種とキャリアレベルが対象になっている．NRMNは研究人材の多様性促進のためのウェビナーや情報，オンライントレーニングコース（「無意識なバイアスをなくすには」「学部生のメンタリング法」「ラボを立ち上げるための準備」等），会員間のネットワーキングによるメンタリング等を提供している．

Building Infrastructure Leading to Diversity（BUILD）Initiative

多様なバックグラウンドの人が医学生物学分野のキャリアに興味を持ち参加することがひいてはその研究分野の多様性促進につながる．BUILD[3]は多様なバックグラウンドの学部学生を医学生物学分野にいざなうために大学が提供する画期的なプログラム運営を支援する．BUILDが提供するグラントには大学や各学部が組織として応募し，学部生への研究指導，キャリアデベロップメントの相談，メンタリングにかかる費用（カウンセラーの雇用，学生対応のオフィス設置費用等）を申請できる．大学組織としての多様性推進の取り組み事業（学生・ファカルティメンバー・職員対象の多様性に対する理解促進のためのセミナー，多様性を意識したメンタリングのためのメンター対象のトレーニング，マイノリティーバックグラウンドの学生を対象とした夏季講習，多様なバックグラウンドの研究者を招いてのセミナーを通しての多様なロールモデルの提示等）もサポートの対象となる．大学のキャンパス全体において多様性に対する理解促進とよりインクルーシブ（inclusive）な環境への変化を促すことをめざす．BUILDによって10の大学が支援を受け，その活動は※3のURLから閲覧することができる．

※3　https://www.nigms.nih.gov/training/dpc/pages/build.aspx

6章　DEI（Diversity, Equity, Inclusion）を知り，実践する

医学生物学分野の人材の多様性を推進する特別なプログラムの例

外山玲子

Diversity Supplement

現在 NIH のリサーチグラントを獲得している PI は，マイノリティーの学生（高校生，学部生，大学院生，ポスドク等）を既得のグラントの枠以外に追加雇用し指導するための費用を申請することができる．人種のみならず，社会的経済的に不遇な環境にある（socio-economically disadvantaged）人（ホームレス，学校の給食費免除，低所得，両親が大学を出ていない，過疎地域の家庭出身等），ハンディキャップ（disability）を持つ人も対象となる．学生の研究プロジェクトは本来の PI のリサーチグラントの一部かそれに関連するものであることが条件とされる．将来医学生物学系のキャリアに進むことを希望する学生が雇用の対象だが，アカデミアに限らず企業に就職を希望する学生でも問題ない．学生の給与・学会参加費・旅費・研究費を申請できる．PI にとっては追加の働き手を雇用できる機会であり，かつ将来性のあるマイノリティーの学生が研究に従事してキャリアを築く機会を与える二つのメリットがある．

R15グラント

R01 に代表される NIH リサーチグラント（R グラント）には多くの種類があるが，R15 はその一つである．NIH から支給された年間グラント総額が一定金額を超えていない大学や研究機関が応募できる．対象になるのは比較的小規模で学部生の教育に力を入れている大学やマイノリティー対象の大学（historically black colleges and universities 等）が多い．研究支援のほか，学部生の段階から本格的なリサーチを経験させ将来的には医学生物学分野のキャリアをめざす人材を増やすことも目的とする．このグラントの申請書には研究計画以外に学生の指導計画やキャリア指導，関心のある（とりわけマイノリティーの）学生に働きかけて次世代研究者の裾野を広げる活動プランの提示も求められ，それも評価の対象となる．R15 申請書は他の R01 等とは別に独自に審査が行われる．そのため R15 申請者は研究経験が豊富な研究所の研究者からの申請書と競合する必要がなく，資金獲得のチャンスが増えるメリットがある．

Column 6-3

Diversity Statement について

船戸洸佑（ジョージア大学分子医療研究所）

　Diversity Statement（DS，p.173参照）と聞いて，何を書けばいいのか悩んでしまう方もいるかもしれません．DSの書き方に特に正解があるわけではありませんが，審査する側として今まで50通以上のDSを読んだ経験から，いくつかのポイントを解説します．内容については，大きく分けて，①過去の経験や実績，②自分の考え，③自分がポジションを取った後の将来の計画，の三つになります．

　まず，①の「過去の経験や実績」については，例えば，男女共同参画室のメンバーだったなどの公式なものから，海外と日本との文化の違いで驚いた経験などのプライベートな体験を述べるものでも大丈夫です．ダイバーシティーのことを深く考える契機となった出来事を具体的に語るのも効果的で，その経験をもとにどのような行動を起こしたのかをさらに述べると印象に残りやすいでしょう．さらには，ダイバーシティーに関するイベントや団体を主宰するなど，リーダーシップを持って行っている活動は高く評価されますし，もしDEIに関した受賞歴や数値化できる指数（イベント参加者を80％増加させた，メディアに取り上げられたなど）があれば，より説得力が増します．

　次に，②の「自分の考え」については，過去の経験や学習を通して学んだことや考えたことを述べ，最後の③「将来の計画」につなげます．ここでは，ラボのPIや大学の教員としてどのような施策を打ち出したいか，なるべく具体的に記述します．ラボ内という一番身近な範囲で構いませんが，もし過去の実績に基づいて，学部や大学全体，あるいは大学がある街のコミュニティにかかわる企画を発案できれば，他の候補者と差別化を図ることができます．

　もちろん，アカデミアでの就職活動の際は，研究の質と生産性が一番の評価項目になりますが，僅差の候補者の優劣をつけるときにはDSの内容も議論の対象になります．もし，DSの提出が求められていない場合でも，レジュメ（履歴書）やTeaching Statementの中でDEIに対する取り組みや考え方をアピールすることもできます．やはり，経験や実績が豊富な

6章　DEI（Diversity, Equity, Inclusion）を知り，実践する

候補者ほど，内容に厚みが出て評価されるため，早い段階から積極的にイベントに参加したり，ダイバーシティーについて学んだり，率直な意見を交わし，それを実行に移せる仲間を見つけることが重要です．

Column 6-4

キャリア形成の設計図
Individual Development Plan (IDP)

樋口 聖（セントジョーンズ大学薬学部薬理）

　アメリカではポスドクや大学院生のキャリアをサポートするためにIndividual Development Plan（IDP）という計画書がよく使われています．IDPはMentor（主にラボのPI）とTrainee（ポスドクや学生）が一緒になって目標を明確にし，個々の能力に合ったプロジェクトの遂行やキャリア形成をサポートするためのものです．NIHやアメリカの主要な学会でもIDPを活用して各個人がキャリアを効率良く歩んでいくことが推奨されています．私がポスドクのときに所属していたコロンビア大学のラボでも，IDPの作成をPIと年に一度必ず行っていました．IDPに沿って個々に合ったメンタリングが行われるため，DEIの実践においても非常に重要なものになるといえます．

　IDPにはさまざまな方法やフォーマットがあり，計画の立て方やサンプルはNIHや大学，学会のサイトなどで見つけることができます．私が所属していたラボでは2015年にMolecular Cell誌に掲載された"Yearly planning meetings: individualized development plans aren't just more paperwork"[※1]をもとにIDPを実践していました．このIDPは私自身のキャリア形成に非常に役に立ち，独立した現在でもこの方法でTraineeにIDP指導を行っているので，ここでは上述の論文と私自身の経験をもとに本IDPの目的と方法を紹介したいと思います．

IDPでめざすもの

　IDPでPIとTraineeがめざすことは以下の五つです．
① 過去の達成を確認することにより労働意欲を上げる．
② 短期的・長期的な研究とキャリアの計画を立てる．
③ プロジェクトを迅速に達成するための優先順位と必要なことを明確化する．
④ PIとTraineeの間で建設的な意見交換を行うことで信頼関係を構築する．

※1　https://pubmed.ncbi.nlm.nih.gov/26046646

⑤PIとTraineeでお互いに期待することを明確にし，意見の相違をなくす.

この5点を達成するために，事前にPIとTraineeはそれぞれ上述の事項を明記した書類を作成する必要があります．定期的（年1回が推奨）にIDPを行い，書面化したものを保存し見返すことで効率的なプロジェクトの実施と効果的なキャリア形成を行うことができます.

事前にすべきこと

IDPの前にTraineeがすべきこと

IDPは自身の長期的な目標を達成するためのものです．したがって，将来の目標，現在までに自分自身が達成していること，これから達成すべきことを明確にする必要があります．これらをPIと共有することで有益な助言を得ることができます．学生もしくはポスドクを始めたばかりの頃は具体的なキャリア目標がない場合もあると思います．NIHのウェブサイト[2]や学会・所属機関などが提供しているキャリアセミナーへ参加することでさまざまな業界や職種の現実的な仕事内容を知ることができたり，さまざまな業種の人とネットワークを構築できます．早い段階から具体的な将来設計を明確にすることで，より良いIDPが行えるでしょう.

IDPの前にPIがすべきこと

PIはIDPの前に自身のラボの研究プロジェクトについてよく考え，Traineeが研究プロジェクトを達成するために必要なことを考え

ておく必要があります．例えば，Traineeにとってプロジェクトは技術的に困難なのか，もしくは新しい専門的な知識やルール上の承認が必要なのかを考慮し，それに応じた適切な助言をできるようにしておかなければなりません．またキャリア形成において，Traineeがアカデミアもしくは企業への進路を希望した場合にTraineeにとって最適なキャリア設定であるかの助言，そのために必要な情報を提供できるようにもしておかなくてはいけません．すなわち，Traineeのためにキャリアのタイミングに合った，適切な助言ができる準備をしておくことが大切です.

プランニングワークシートの作成

IDPを実践する前にしっかりとしたプランニングワークシートを作成する必要があります．形式に決まりはありませんが，上記の論文[1]には空白のワークシートと記入例があるので参考にすることができます．本フォーマットではPIとTraineeが事前にそれぞれ別のワークシートに記載します（PIはTraineeについて，Traineeは自分自身について）．ワークシートは過去の達成を記入するAccomplishment，実験計画を記入するResearch goals，キャリアに関することを記入するProfessional/personal goals，そしてお互いへの助言・意見を記入するFeedbackの4項目から構成されています.

Accomplishment：ここでは過去1年間にTraineeが達成したことを記載します．重要なことは，アクセプトされた研究論文や獲得で

---

[2] https://www.nigms.nih.gov/training/strategicplanimplementationblueprint/pages/IndividualDevelopment Plans.aspx

きたフェローシップなどの大きな達成だけで
なく，些細なことも記載することです．例え
ば，作成中の論文，新しく得た知識や技術，
執筆中や応募したフェローシップやグラント，
教育への貢献やラボの後輩への実験指導など
も入れます．これらを記載することで，PIと
Traineeの間で達成を認識し，称賛し合うこと
でTraineeの今後の意欲をかき立てることがで
きます．

Research goals：研究プロジェクトを通して
解明したいことを意識して，1年間の大まか
な研究目標を記載します．週ごとなどの細か
すぎる計画でなく1〜3カ月単位で実現でき
そうな目標を立てることが大切です．

Professional/personal goals：長期的なキャ
リアの目標を記載します．長期的なキャリア
を実現させるために，どのような専門的なス
キルや経験，トレーニングが必要かも記載し
ます．

Feedback：Feedbackの項目はPIとTraineeの
信頼関係を深める項目です．お互いに敬意を
持って，かつはっきりと改善すべき点を述べ
る必要があります．例えば，TraineeからPIへ
のFeedbackとして，①PIとのミーティング
の時間（短すぎたり，長すぎたりしていない
か），②プロジェクトに費やす時間とプライ
ベートな時間のバランス（もっとできるのか？
もしくは過剰でないか），③ラボで起きている
解決してほしい問題などを伝えることができ
ます．またPIからTraineeへのFeedbackとし
てはTraineeが達成できていることを述べ，そ
のうえで研究や将来設計などで改善すべきこ
とを助言することができます．

実践編

十分に時間をかけてワークシートを作成し
たら，実際にPIとTraineeが対面してミーティ
ングを行います．IDPのミーティングで大切
なことはTrainee主体で会話を進めることです．
PI主導で行うとTraineeが評価されている
ような雰囲気になるため，PIはあくまで追加
で話したりする程度にとどめ，Traineeが自発
的に会話をリードするようにします．ミーティ
ングではお互いに過去の達成を確認し，
Traineeが次年度へ意欲的になるようにします．
次年度の研究計画ではPIはTraineeの要望に
応じて新しい技術の習得機会を提供したり，
コラボレーションの機会を増やすなどネット
ワークを広げる提案をするようにします．ま
たキャリアプランではTraineeの希望進路に必
要なFeedbackを行います．Trainee個々で能
力や習得している技術，将来の目標などが大
きく異なるため，Trainee個々にとって必要な
トレーニングをPIが見極めてサポートする必
要があります．

私の場合はTraineeとしての最初のミーティ
ングで，研究への取り組みやスライド作成能
力などは評価してもらえていましたが，アカ
デミアでPIをめざすにあたって，3つのこと
を助言されました．1点目はリーダーシップ
です．将来PIになるのであれば，もっとミー
ティングなどで積極的に発言をしてリーダー
シップを養うことを助言されました．私が英
語が不得意である点や同調効果を好む日本人
の特性をよく見抜いたボスの視点です．2点
目はネットワーク構築です．学会などでは知
り合いなどで固まらず積極的に他大学の研究
グループとコミュニケーションを取ってネッ

トワークを広げるべきだと指摘されました．学会などにせっかく参加しても，ラボのメンバー同士で固まっていることは機会損失だと教わりました．3点目はライティングスキルの向上です．英語がネイティブでない私にとってライティングは最も弱いことの一つです．特にグラントライティングのスキルを上げるためにセミナーなどのトレーニングを受けることを強く勧められ，ボスからセミナーの機会を多数紹介されました．

このようなミーティングを毎年行うことで，Trainee は適切な技術と能力を身につけることができ，キャリア形成を行うことができます．

IDP は Trainee にとってメリットがあるだけでなく，PI にとっても異なる背景と能力を持った Trainee に対して，きめ細かい指導を行い，研究室の生産性を向上する機会を与えてくれます．また，IDP によってラボ内の問題が明らかになったり，未然に大きなトラブルを防ぐこともできます．これらのことは，特に多様性がある環境のラボでは重要なことです．読者の皆様も IDP を上手に取り入れることで，アカデミアの活性化と，多くの若い世代の幸せなキャリア形成につながることを心から願っています．

Column 6-5

大学レベルでのDEIへの取り組みの例

樋口　聖（セントジョーンズ大学薬学部薬理）

　私が所属するセントジョーンズ大学では，多種多様な国籍・宗教観・個性を持つ学生と教職員をサポートするためにさまざまな組織と制度が充実しています．実際にDEIに関連した6つの異なるチームとセンターがあり，これらが協調して大学内のDEIに取り組んでいます．

　まず，多様性に特化し，学問的な追究，学内の環境を整えることを目的とした三つの組織Academic Center for Equity and Inclusion, Equity and Inclusion Council, The Office of Multicultural Affairsがあります．Academic Center for Equity and InclusionはDEIに関するアカデミックな研究や出版のサポート，DEIの教育に関するサポートを目的としています．人種による差別をなくすことを目的とした組織づくりや，学内の教育データの収集などもしており，教授陣とも連携して学内の環境整備を行っています．一方で，Equity and Inclusion CouncilとThe Office of Multicultural Affairsは多種多様な国籍と文化的な背景を持つ教職員と学生に，最適な学習，教育環境と職場環境を大学として提供するために活動している組織です．メンバーは現役の教授陣，学生と卒業生からなっています．外部の専門家を呼んでトレーニング，Underrepresented Minority（URM）からの教員採用に対する提言，DEIに対するコアカリキュラムの実施などの活動を行っています．The LGBTQ＋Centerは2021年に設立された性的多様性に対応する比較的新しい組織で，性的マイノリティーの学生や教員にとってより良い環境を整備・維持するために活動しています．

　当大学では単に環境を整えるだけでなく，実際に問題が起きた場合に対応してくれるRESPECT（RESpond and Partner to Engage our Community Team）という学内の教職員や学生で構成されたチームがあります．RESPECTは偏見などにより不利益や問題が起きたときに当事者間に入って関係修復や問題解決を助ける働きを行っています．また，日常生活に支障のある学生や教職員を支援するしくみもあり，講義・試験の受講，通勤・通学，介助犬の適用などのサポートを行ってい

ます．また，妊娠した教員や学生が業務・学業を問題なくこなすために大学側に申請することで要求に沿ったサービスも提供されています．

　このようにセントジョーンズ大学では学問的な介入，環境整備，職員・学生のサポートを軸としてすべての人が適切に学問を追究し，仕事上のミッションを円滑に遂行できるようにする積極的な取り組みが行われています．

Column
6-6

大学レベルでの Accessibility に関する取り組みの例

船戸洸佑（ジョージア大学分子医療研究所）

アメリカの大学は Americans with Disabilities Act（ADA）と Rehabilitation Act という二つの法律により，ハンディキャップを持つ生徒や職員に対して均等に機会を提供し，かつ，勉学や職務の遂行のために適切な便宜（reasonable accommodations）を供与する義務があります．

例えば，私のいるジョージア大学では，Disability Resource Center が一元的な窓口となって，生徒と教員の橋渡しや環境改善をしてくれます．学期の初めには，大学内のすべての科目でチェックが入り，必要な人に必要なサービスを届けるしくみができ上がっています．例えば，ハンディキャップの内容によっ

て，試験時間を延長したり，試験や授業中の飲食を許可したりします．また，聴覚障がいの生徒にはノートテーカーや手話通訳者が手配され，ビデオ教材には必ず字幕をつけることが求められます．なお，Accessibility の概念は，身体的・精神的ハンディキャップを持つ人のみならず，老人，子ども，怪我人，さらには，一時的にサポートが必要な健常者（例えば，妊婦や乳児を抱えた保護者）にも当てはまります．

多様な特徴を持ったすべての人が，情報・場所・ツール・機会などに公平にアクセスできることは，優しく，包括的な社会をつくるために必要不可欠です．

7章

アカデミア以外のキャリアパス

安田　圭（Pyxis Oncology）

> 　「アメリカでポスドクを長い間していたが，ファカルティポジションを取れるような気がしない」あるいは「晴れて Assistant Professor になったが，大御所たちと競争するグラント書きに疲れた」「なんか同じことばっかりして面白くない」「自分の研究が実際に人間に応用される気がしない」……そんな "アカデミア疲れ" に悩んでいませんか？ 本章ではそういった方たちに向けて，米国でアカデミアからインダストリー（民間企業）に移るために必要なこと，さらに移った後にどうするかという疑問について，ボストン大学の Assistant Professor から実際にインダストリーに転職した筆者の経験をもとに紹介します．

1 はじめに

　私はボストン大学でPIとして独立した研究室を運営していました．私と同じ Assistant Professor レベルの人たち（いわゆる若手）は元から研究費申請書書きでフラフラだったのですが，コロナのパンデミックが最後の後押しをしたような感じでアカデミアからボストンのバイオテック

企業に転職しました．ちょうど2020〜'21年のバイオテック業界は資金繰りも良くノリノリだったので，Assistant Professorレベルの人たちは結構企業に転職してしまったようです．

　まあ私の人生は結構適当で，「アカデミックで上に行けるところまで行ってみよう，ダメだったら他を考えよう」と思っていたのですが，戦略がちゃんとしていなかったのもあって，「これはなかなか厳しいなー」と思っていました．また，ボストン大学では自己免疫疾患の研究をしていたのですが，研究していた内容が患者さんの治療に応用される気配がなかったのもインダストリーへの転職を考えた理由の一つです．そんなときに，メンターのラボにいた学生が「私転職するわ！」とスタートアップに転職したその後，「Keiうちの会社に来る？」と言われたので，インタビューを受けることにしました．

2　行動を起こす前の必要条件：グリーンカードの取得

　アカデミアに残ろうが，インダストリーに移ろうが，アメリカに残る予定の人はグリーンカード（米国永住権）を絶対取得しておかないといけません（**図**）．H-1Bなどの就労ビザを用いて米国で職を得ることもできますが，解雇されるとすぐに出国を促されるなど立場が非常に不安定で，転職の幅も狭まってしまうからです．グリーンカードを取るのは大変ですが，取得後はいろいろなメリットがあります．私の場合はグリー

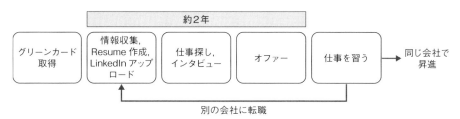

図◆インダストリーで職を得るまでの流れ

ンカード取得後K01という研究費（**5章**参照）を取ることができ，給料が上がって元手が取れました．また，グリーンカードを持っているとメインのポスドクの仕事以外の仕事ができるようになるので，学外でクラスを教えるとか，時給制のコンサルをするとか，いろいろな副業を通じてスキルを磨くことができます．

　私が知っている中でグリーンカードなしで転職した日本人は1人のみで，その人はちょうど研究していたタンパク質がぴったり転職先の会社のターゲットと一致していました．O-VISAで転職してすぐグリーンカードを取っていました（Oはoutstandingの意味）．同じタンパク質を研究している人たちは世界に数名のみなのでO-VISA取得を企業に全面的にサポートしてもらえる，という状況は滅多にないので，グリーンカードを取得しておいた方が無難かと思われます．

3 職探しの準備

◆ 情報収集

　アメリカの大学では博士課程の学生やポスドクの就職先探しを手伝うためのセミナーなどを行っているので，参加していろいろな情報を手に入れましょう．私はScience誌が主催するキャリアフェアーにも行きました．アメリカではPh.D.を取得したり，ポスドクとしてさらなる修行を積んだ人は，アカデミア以外にもいろいろなところに就職します．研究者として製薬会社やバイオテック企業に就職する（**Column 7-1**参照）以外にも，特許関係の事務所（**Column 7-2**参照），学術誌のエディターやその他出版にかかわる仕事（**Column 7-3**参照），コンサルティング会社（**Column 7-4**参照），競合分析（competitive intelligence）を担う会社などに就職します．Program leaderやclinical coordinatorなどの経営や臨床研究にかかわる職もあります．私の元同僚はインダストリーに転職した後，自分でwritingの会社を起こしていました．

◆ Resume の作成

　米国の履歴書には2通りあり，インダストリーで用いられる Resume はアカデミアの CV とは全く異なるものであることに注意しましょう．いろんな人が就職活動用のソーシャルメディアである LinkedIn[1] に Resume をアップロードしているので，それを参考にして書いたら良いと思います．CV は業績を延々と羅列する傾向にありますが，インダストリーの人々は時間がないので，**簡潔にきちっと経歴や自身の強みを表現できる能力**は非常に大切にされます．3ページぐらいにまとめると良いと思います．誤字脱字はボツ，レイアウトがきちんとしていないのもボツ，ダラダラ書くとボツです．ちなみに Resume は ChatGPT を使うとかなり綺麗になります．

◆ LinkedIn のアカウントを作成し，情報をアップデート

　LinkedIn は米国での就職活動に不可欠なソーシャルメディアで，企業の採用担当は必ずチェックしている媒体です．さまざまな人とつながりをつくり，可能な限り LinkedIn のコネクション500＋をめざしましょう．噂によると500＋の人にはリクルーターからのお声がかかるチャンスが多くなるとのことです．職探しをしていることを友人や元同僚などに**公言する**のも大切です．公募を出していないところもあり，人づてに就職の話が入ってくることもあるからです．

4　スタートしてから職を得るまでにかかった時間

　私の場合は思い立ってから約2年かかりました．他の人にも聞きましたが，アカデミアからインダストリーに異動するには，大学での仕事をしながらなので結構時間がかかります．すぐに結果が出なくても懲りずにいろいろな職に応募してください．私の担当していた大学生の一人は

※1　https://www.linkedin.com/

196　研究留学実践ガイド

毎日10通ずつ職を応募し，それを2カ月ぐらい続けて最初の職を得ていました．根性ですね．お医者さんの資格（M.D.）があるときは，医者の知識を生かすために臨床系の職の可能性もあると思います．

　求人を出していないところに応募してもいいかという質問についてですが，海外のポスドクの職を応募するとき（**2章**参照）と同じで，興味があるところに連絡してみることは良いことだと思います．特に専門がぴったり一致している場合などはなおさらです．こちらでfaculty positionを持っていた人たちでインダストリーに異動した人たちは，その会社が重点を置いている，あるいは置きたい分野で職を得ていました．逆に言えば，ランダムに応募するのではなく会社の強みや特性を知って興味を持って応募したような人は，リクルーターおよび将来の同僚から好意的にみられると思います．リクルーターの方から就職斡旋の連絡があった場合も，丁寧に応対しましょう．

5 インタビュー

　いろいろなインタビュー方法があると思いますが，今の職を得た経緯はこんな感じです．

◆ 未来の上司となる人とのコーヒーインタビュー

　私の最初のインタビューはスターバックスでコーヒーを飲みながら1時間ぐらいで行われ，その後正式なインタビューに誘われました．木曜日にコーヒーインタビュー，次の週の火曜日に会社で正式なインタビューという急な日程だったので，準備をしておきましょう．

◆ 正式なインタビュー

　Scientistのポジションに応募するときは，アカデミアと同じで，これまでの研究に関するセミナーをすることになります．一緒の業界の人への説明ではないので，要点を押さえつつ簡潔にすることが大切です．時

間オーバーはダメです．ちなみにセミナーの準備ができないのかインタ
ビューを2〜3週間ほど遅らせる人がたまにいますが，スタートアップ
はスピードが重要なので，それだけで採用する気合いが下がります．転
職する気があるのであれば，たたき台でも良いので日頃からいつ面接に
誘われてもいいように準備をしておくことをおすすめします．未来の上
司にPowerPointのファイルを送る人もいるようです．

◆ 将来の同僚および人事の人との面接

　インタビューで聞かれそうな質問はインターネットに載っているので
（"typical questions asked in an interview"などと検索すればたくさん
出てきます），一通りの答えを考えておくと良いでしょう．「なんでアカ
デミアを離れることにしたの？」とか「どうして今の会社を離れること
にしたの？」とかは典型の質問です．質問は単に反応を見ているだけな
ので，negativeな答えにならないような答えを用意しておきましょう．
特に「どうしてこの会社で働きたいの？」という質問には答えに詰まら
ないように，ウェブサイトぐらいは見ておくことが大事です．ここで詰
まると「うちの会社に興味ないじゃん」と思われてしまいます．アカデ
ミアではもっと独立性が求められていましたが，インダストリーでは皆
とうまくやっていく協調性がより必要とされますので，そういう質問も
されます．「5年後には何をしているの？（人事の人の質問）」とか，い
ろいろウェブサイトに質問が載っているので，それも答えを用意しましょ
う．大体聞かれる質問は決まっています．同僚との面接には質問を用意
しましょう．他のDepartmentの人たちとの働き方，未来の上司の管理
スタイルなどがよくある質問です．

　私の場合は正式なインタビューではChief Scientific Officer（CSO）と
の面接がまず30分あって，1週間後にカフェでさらに1時間ほどディス
カッションしました．自己免疫疾患からがん免疫に分野がちょっと変わっ
たのもありますが，あれほど頭を使ったことはなかったですね．英語＋
サイエンスを磨いておくことをおすすめします．面接が終わった後は感

謝のメールを送っておくことも大事です.

◆ Reference の重要性

米国アカデミアでは推薦状が要求されますが,インダストリーの場合は推薦人（reference）への電話一本で,文章をいちいち書いたりしません.ちゃんと推薦してくれる人を選びましょう.たまに自分のことを良く評価してくれない人を推薦人に選ぶ不思議な人たちがいます.推薦人が有名な人か否かよりも,自分のことをよく知っており,持ち上げてくれそうな人を選ぶことが重要です.また推薦してくれる人との関係が良い場合は,未来の上司が良さそうな人かどうかチェックしてもらうことも可能です.LinkedInをつなげていくと気づくことですが,世の中は狭く,皆つながっているので,敵をつくらないように気をつけて,コネクションは大切にしましょう.一緒に心地良く働ける人たちは,将来また一緒に働くことができます.

◆ オファー

インタビューが終わってreferenceのチェックも終わるとオファーをもらうことになります.お給料は,狙っているポジション名とsalaryとでウェブで検索してみると大体の金額が出てきますので,参考にすると良いでしょう.感覚としてアカデミアと比べて2倍ぐらいの差があります.給与以外のチェックすべき項目は健康保険,401k（retirement plan）,休日の数,病気のときに休める数,ボーナスなどです.他にスタートアップなどではstock optionなどもあります.

6 現在の仕事について

私はAssistant Professorのときに実験もしてグラント書きもしていたので,Senior Scientistとして転職したときはあまり仕事の内容が変わりませんでした.研究費を取ってこなくても良くなり「雇われるってラク

だわ．トップの人どうもありがとう」と思った次第です．スタートアップでは仕事のスピードはアカデミアに比べて格段に速いスピードで行われます．PIとしての経験がついていたので，ある程度プロジェクトは俯瞰図を見られるようになっていたようです．任されたプロジェクトの動かし方は時間とリソースと優先順位を考えながらすべてを並行に進めていく感じです．この辺real-time strategy gameの「StarCraft Ⅱ」みたいな感じですね．

　企業に入ったら知らないことは素直に訊くのが賢明です．上司でも同僚でも皆全部親切に教えてくれます．Gantt Chart（プロジェクト進行状況のチャート）をチェックして「このステップの次は何をすれば良いのか」と上司に訊くのが肝心です．インダストリーでは全然違う分野のエキスパートたちが協力してプロジェクトを進行させていきます．他のDepartmentとのコラボ能力は，アカデミアでの他のラボとのコラボとちょっと似ていますが，物事の進め方はもっとスムーズです．ちなみにラボを率いていくような能力は，部下を持ったときに同じような感じでそのまま使えるので，アカデミアでPIを経験することが企業に転職する際の強みになることもあります．

7　おわりに

　インダストリーに転職して，就職先が嫌だったり先が見えない場合は1年後を目安に職探しを再開することをおすすめします．理由は不明ですが，インダストリーの経験があれば次の職探しは圧倒的に楽になるらしいです．したがって，いったんインダストリーに足を踏み入れることが重要で，終身雇用の概念がない米国では転職自体にネガティブな印象はつきまといません．ただ，毎年転職する人はおそらく「ジョブホッパー」として嫌われると思います．転職するなら，得たポジションの仕事を一通りならった3年後（石の上にも3年？）ぐらいが良いかと思わ

200　　　研究留学実践ガイド

れます．Resumeを見ていると，3年ごとぐらいに会社を転職してキャリアを登っていく人たちは結構います．また会社内の他のDepartmentに転職する人もいるようです．会社が倒産する場合ですが，友人の会社は設立してから1年後ぐらいにつぶれてましたが[2]，友人は1カ月後にはちゃんと就職していました．会社がつぶれるのに慣れる人もいるらしいです．さすがアメリカですね．

インダストリーにいったん転職したものの，どうしても性格に合わないという場合はアカデミアに戻ることになると思いますが，そのときはアカデミアのメンターに相談するのが良いでしょう．しかし今のところそういう人に会ったことはないです．私は転職するときに万一を考えてアカデミアのメンターとの関係をきちんと保っておきました．インダストリーを20年ぐらい経験した後にアカデミアに帰ってきた人を1人知っていますが，楽しそうにやっているようです．私の今の予定としては，ドルでしっかり稼いだ後，日本で引退です．

8 後日談

ここまでが実験医学誌への連載のときに書いた内容ですが，その後なんと会社の人員削減の方針のために2023年11月に解雇されてしまいました．小さな会社だったのですが，40％もの人員削減です．今会社からの解雇手当をもらっているのと，マサチューセッツ州からunemployment insurance（失業保険）とをもらって新しい職探し中です．なお，SPDR S&P Biotech ETF（XBI）[3]という上場投資信託を見れば，2023年のアメリカのバイオテック業界の景気がわかります．2024年1月にJ.P. Morgan Healthcare Conference[4]というバイオテックの誰もが行くカンファレ

※2　https://boston-info.blog/384/
※3　https://finance.yahoo.com/quote/XBI/
※4　https://www.jpmorgan.com/about-us/events-conferences/health-care-conference

ンスがありましたが，それによると2024年は2023年よりもマシになりそうです．

　日本から出るといろいろな目に遭うことになりますが，結論から言うと「解雇されても死にはしない」というのが本音です．これも経験の一つですね．会社の経営状況によりリストラされることはそれほど珍しいことではなく，「これが最初の解雇？」と訊かれました．一緒に解雇された私の上司は「これで数回目だから慣れてる」と話していました．彼の経歴を見ているとスタートアップで働いて2～3年ごとに働いていた会社が他の会社に買収されています．安定した職を望みたい人たちは大きな会社に行く方がリスクがやや少ないかもしれませんが，大きな会社は部門ごと切ったり研究所を閉鎖したりするので，なんとも言えませんね．

　この会社ではほぼ4年間働いていたのですが，上司が去ってその間にChief Scientific Officer（CSO）にお世話になったりと，最後の上司はなんと4人目でした．そのぐらいアメリカのバイオテックは回転が速いです．新しい会社に転職したのにそこで解雇される人たちもいて，なかなか人の動きが激しいと思います．そんな中で「貯金（投資）が十分貯まったから多少稼げてなくても大丈夫」との理由でバイオテックのスタートアップを始める元同僚や，「庭のデザインの会社を立ち上げる」と全然バイオテックと関係ない仕事を始める元同僚とか，解雇されても全然気にせず，これを機に自分のしたいことをする人が多いアメリカはすごいところだと思います．私は今回は普通に職を探す予定です．

著者プロフィール

安田　圭
Pyxis Oncology社 Principal Scientist．京都大学大学院薬学研究科にて博士号（薬学）を取得．その後ドイツのミュンヘン工科大学を経て2005年よりボストン大学医学部にてポスドク・Instructor・Assistant Professorとして自然免疫シグナル，全身性エリテマトーデス（SLE）を研究．'20年にPyxis Oncology社に転職，腫瘍免疫学の研究に携わる．'23年11月に会社の人員削減方針のために解雇され，ただいま職探し中．ブログは「海外研究者のありえなさそうでありえる生活」(https://amazinglifeoursidejapan.blogspot.com/)．

7章 アカデミア以外のキャリアパス

Column 7-1

アメリカのバイオテックでの研究生活

マクロースキー亜紗子（Translational Research, Kura Oncology, Inc）

ライフサイエンスの分野でポスドクや大学院生としてアメリカに留学される場合，アカデミアでのキャリア形成に加え，バイオテック業界に挑戦する進路も検討する機会が多いかと思います．特に西海岸や東海岸には多くのバイオテック企業が存在するので，研究室の同僚が突然バイオテックに就職するというような状況は珍しくありません．私がポスドクで在籍していたソーク研究所では，同じフロアのPIがバイオテック企業の創始にかかわり，研究室の半数がその会社の研究員になるというような状況も目にしました．このようにアカデミアからバイオテックへの進路はアメリカではよくあるキャリアパスなのですが，実際に就職するには少し努力が必要です．というのも，広く公募されている求人は多くはないので競争になり，多くの場合身につけた技術に加え人脈が大きな助けになります．ですので，留学先で良い人間関係を築くということは重要です．私の場合，バイオテックに就職したソーク研究所の知人が今の会社に採用してくれ，彼女はしばらく私の上司でした．本コラムでは，中規模のバイオテックの研究員として何をするのか，アカデミアとの違いは何かを私の経験から書きます．

私の所属するKura Oncology[※1]は中規模の製薬会社で，低分子化合物を用いた抗がん剤の研究開発と臨床開発を進めています．私の部署は治験の前段階全般（R＆D[※2]と橋渡し研究）を担っており，主に治療薬の候補化合物の効能や作用機序を研究しています．ここでうまくいったプロジェクトが治験候補に進むことになりますが，実際の治験に進むにはFDA（Food and Drug Administration）からの許可が必要で，この段階以降は別の部署が取り扱います．アカデミアからバイオテックに転職すると後述するように研究以外の業務が

※1　https://kuraoncology.com/
※2　Research and Development（研究開発）

増えるのですが，仕事の核の部分は常に"研究者"であり，培った技術や知識がプロジェクトの成功を直接左右します．バイオテックでは優先事項がよく変動するので，臨機応変に素早く動くことが最重要事項の一つです．1日の遅れが会社全体の状況を左右することもあるので，迅速な対応には大学院やポスドクで習得した知識や技術がとても大事になります．新しいプロジェクトや急な要求をどれだけ早く理解し遂行できるかは，研究現場で培った個人の経験によることが多いと思います．アカデミアとの共同研究や学会発表も行うので，新しい論文を読んで分野の最先端を勉強し続けることも大事です．

研究にはアカデミアに比べるとより多くの資金を使える分，速度，効率と高い生産性が求められます．そのため，多くの実験作業が自動化され，外部委託もします．自身で実験をする機会は少なくなるか，立場によっては全くなくなってしまう一方，プロジェクトを深く理解し，良いチーム形成，内部外部との協力，委託先との関係性を含めたプロジェクトマネジメントが重要になります．特に中小規模のバイオテック企業では，研究以外のスキルも多く求められます．例えば治験前段階のプロジェクトを推進する際，治療薬の候補化合物の効能，作用機序や安全性の調査はも

ちろんですが，医療現場，マーケットや会社のビジネス方針を含めた多方面からの迅速な意思決定が必要になります．規模が比較的小さい企業は個人レベルでの貢献が大きくなり，実験以外の多面的な要素を理解して他部署と協力しながら，良いプロジェクトを選択してタイミング良く推進することが求められます．したがって，現在も四苦八苦していますが，研究以外に多くのことを学ぶことが必須であり，バイオテックでのキャリア形成のユニークな面であると思います．忙しい時期は目の前のことだけで精いっぱいになりますが，手掛けたプロジェクトが実際に治験に進むのを目にしたり，医療現場に評価されると，社会貢献を含めた大きな達成感を感じます．

このように，アカデミアからバイオテックへの転職は研究以外にたくさんの人々と仕事をする機会がありさまざまな側面を学ぶ機会が多くあるので，サイエンス以外にも興味がある，ビジネス関連のことにも挑戦してみたいというような方には非常に良いキャリアパスなのではないかと思います．この選択をする場合，留学先では人脈形成に加え，最先端の技術や知識をできるだけ幅広く習得することを重視してください．皆様の留学生活が実りあるものであることをお祈りしています．

7章 アカデミア以外のキャリアパス

知的財産を扱う
理系の知識を活かせる文系の仕事

沢井昭司（弁理士法人一色国際特許事務所）

　2002年，小泉政権時代に知的財産基本法が成立し，「知的財産立国」が国家施策として宣言されました．それ以来，知的財産に関与する人材の育成が，さまざまな形で取り組まれてきました．私が研究者を辞めてこの業界に入ったのは2001年，知的財産基本法が成立する約1年前のことでした．大学でもビジネスを考える先生の間で特許取得がさかんになり始めた頃です．本稿では，業界で期待される人材を念頭に置いて，知的財産に関連する業務についてご紹介したいと思います．

　知的財産を扱う人々の中心に位置する弁理士は，代表的な国家資格の一つです．弁理士になるための弁理士試験は，知的財産に関係する法律についての知識が問われます．毎年の合格率が約6％しかなく，高難度の国家試験です．弁理士の専権業務は弁理士法第4条に定められており，知的財産権を得るための公的手続についての代理およびその手続に係る事項に関する鑑定などを行うこととされています．弁理士が，さらに特定侵害訴訟代理業務試験に合格すると，弁護士と共同で特定侵害訴訟の訴訟代理人となることができます．以下，知的財産権の中でも中心的な権利である特許権を例にしてお話しいたします．

　弁理士は，現在，特許事務所と企業の知財部のいずれかに所属していることがほとんどです．企業に在籍する弁理士は，その企業で発明発掘を行い，特許事務所と協力して発明の権利化をめざす特許業務や，権利化された特許を他の企業にライセンスしたり，特許侵害した企業に対し権利行使をしたりする法務を行います．

　特許事務所での弁理士の仕事は，知財コンサルティングや調査・鑑定などもありますが，明細書の作成から特許権を得るまでの出願業務が中心になります．発明の内容をもとに明細書を作成し，特許庁に特許出願すると，特許庁がその特許出願を審査し，問題点を指摘します．その指摘に応答し，問題がなくなれば発明が権利化されます．この過程はすべて特許法に基づいて行われますが，弁理士試験に合格しただけでは実際の業務を遂行するの

が難しいとされます．一人前になるのに業務を始めてから半年しかかからない人は稀で，通常2〜3年はかかるといわれています．

明細書の作成には発明を言葉で表現できるテクニカルライティングの能力が必要になります．また，明細書の作成には発明の専門的知識が必要なことから，多くの弁理士は理系の大学や大学院で学んできた知識を活かして，その専門分野の特許を扱うことになります．私の場合も，専門が発生遺伝学でしたので，業界に入って以来，バイオテクノロジー関連の特許を扱っています．研究者としてのキャリアがありましたので，基礎研究者が特許を取る際のお役に立ちたいと思っており，今でも主なクライアントは大学関係者あるいは大学発ベンチャーになります．明細書を作成するにあたって，研究者などの発明者にインタビューをして発明の説明を受けるのですが，明細書中では発明の証明が必要になることから，インタビューとはいえ，研究者間の議論のようになってしまうことも多いです．その際，研究者時代の経験が非常に役に立っています．外国の特許業界では，ポスドクから日本の助教レベルの研究の背景がある人材は少なくありませんが，日本の特許業界ではまだまだ珍しく，大学レベルの研究を研究内容を理解しながら発明として扱える人材はごく少数です．留学経験まであるような研究者の活躍の場は，特許業界では今後も十分あると思います．

弁理士だけですべての分野の技術をカバーできるわけではなく，そのため弁理士の業務を補助する特許技術者も重要な存在です．中には，弁理士より優秀で，待遇が良い特許技術者も少なくはありません．また，重要な特許は海外に出願されることが多く，国際特許を扱う弁理士は，外国の特許法にも通じている必要があります．海外から日本への特許出願を扱うことも多く，これらの場合，担当弁理士には英語の能力が要求されます．とはいえ，現実的には英語に堪能な弁理士は少なく，特許翻訳者が補助することになります．特許翻訳は一般の技術翻訳とは異なり，法的に決められた一定のルールに基づいて翻訳する必要があるので，翻訳の中でも難度の高い翻訳になります．弁理士は重要なポジションでありながら，特許技術者，特許翻訳者も業界では欠かせない存在だということがおわかりになるかと思います．英語に堪能な弁理士や特許技術者であれば，翻訳者を介さず，自分ですべての作業をこなすことが可能になります．事実，私も英語の明細書を読まない日はありませんし，英語のレターやEメールは日常的に書いております．時には，現地の発明者と英語でウェブ会議をすることもあります．このように現地の弁理士と直接コミュニケーションを取るのに，留学経験は非常に役立ちます．

◆　　◆　　◆

以上，知財実務を駆け足でみてきましたが，いずれのポジションでも，発明という最先端の知識を扱うため，自らの知識の更新が常に必要になります．外国特許法の知識も必要で，日本特許法も毎年のように改正されます．業務以外に，日々勉強の必要がある職業であることは間違いないでしょう．日本の特許業界の問題は，ポスドクを経験した専門的人材がまだまだ少ないことです．我と思う方は，ぜひチャレンジしてもらいたいと願っています．

7章　アカデミア以外のキャリアパス

Column
7-3

学術研究員から
メディカル・ライターへの道

大山達也（エヴィデラ 臨床アウトカム評価チーム）

研究職からフリーランスへ

　人の道はさまざまです．私は高校・大学を日本で終えてからアメリカの大学院で博士号を取得し，その後大学での教授職をめざしてポスドクの職に就きました．しかし結局教員職を獲得することができず，新たな道を開拓すべくフリーランスで科学文献の英文校正・翻訳業を2009年に始めました．

　当時2000年代後半はさまざまなサイエンス関連の英文校正・翻訳会社が設立され始めた頃でした．この時期に校正・翻訳会社の契約社員としての仕事を獲得できた理由としては，とにかく以下の3点をカバーレターにおいて強調したことが重要だったと思います．

① サイエンスで解決可能なさまざまな事象の原理を理解することの喜び

② サイエンス関連の作文，校正・翻訳を通じての知識伝達への興味

③ 幼少の頃アメリカで育ち，英・日共に同レベルの会話・筆記・文章力を習得したこと

フリーランスから正規社員へ

　研究職を離れてから同フリーランス業を7年続けた2015年の夏，妻がカナダの大学の教員職に就くことが決まりました．少なくとも息子が高校を卒業するまではアメリカに留まりたいという事情もあり，正規職に戻ろうとしたのが46歳のときでした．

　フリーランスの英文校正・翻訳業は完全にリモートでしたが，正規職となるとコロナ禍前の当時はまだ完全なリモート職はほぼ皆無でした．そのため現地のライター・英文校正（エディター）職に焦点を絞り，あらゆる検索サイト（Indeed, iiicareer, Science Jobs, New Scientist Jobs, Nature Jobsなど）を利用しながらライフサイエンス，生物学関連の学術機関，研究所，および製薬会社が募集している職に応募しました．しかしなかなか面接までたどり着くことができず，悪戦苦闘を続けていました．

　余談かもしれませんが，この時期大きな心境の変化がありました．それは7年間リモート続きで仕事をしてきた自分が教員職を得ら

れなかったことの屈辱感をやっと払拭する転機が到来したこと，この間引きこもり気味の「主夫」の役割をしていた自分の人間としてのバランスが崩れていたこと，そしてそのバランスを改善することが正規職に戻るために欠かせないことを認識できたことでした．

かくして2015年の夏は自分を客観的に見つめ直す大きな転機となり，普段腰の重い性格が見違えるほど変わっていることに自分自身驚いていました．中でも以下の3点が最終的に2016年の8月，正規職に就けたことに大きな役割を果たしたと思います．

①2015年7月，息子の高校でのボランティア団体の英文校正者に採用
②同年9月，地元のアカペラ男性コーラスの一員に
③翌年2月，パブリック・スピーキングクラブ（トーストマスターズ※1）の一員に

地域社会に意欲的に貢献し始めたことがきっかけで心・技・体のバランスは徐々に改善され，2016年の1月に大失敗した面接も6カ月後，トーストマスターズ団員らの励ましと懇親的な面接コーチングのおかげで生物計算機研究機関での在地エディター職を得ることができました．

エディターからメディカル・ライターへ

今は昔のようですが，息子をアメリカの大学に進学させ，2019年の暮れ，アメリカの家をやっと売り終えた私は，大学教授としてすでにカナダに移住していた妻のもとへ向かう

ために新たな仕事を探していました．幸い，4年間研究機関所属の正規職エディターとして働いた経歴が功を奏し，アメリカの医療系契約研究機関（CRO：Contract Research Organization）でメディカル・ライターとしてリモートで働くオファーをもらい，翌年の春カナダに渡航する予定でした．しかし，2020年3月，コロナウイルス・パンデミック宣言．計画が変更になり，結局9月から2021年8月まで日本に帰省．ようやく同年9月にカナダに渡れたときは先のつても途絶えてしまったかのようでした．移ってから2カ月，同じCROでの同様の職に応募したところ，同じリクルーターの方が1年前に私を斡旋してくれたことを覚えていて，再び取り合ってくれました．そこからは面接もすんなりと通り，現在に至っています．

現職でのメディカル・ライターとしての主な職務内容は，顧客の製薬会社が行った臨床治験のクオリティー・オヴ・ライフ（QOL）に関するデータを同じ部署の統計学者らが解析し，その結果を報告書やプレゼンテーションにするというものです．さらに2年経った今，学術研究員であった頃のように論文執筆も手がけるようになり，大学院生・ポスドクだった頃の経験が大いに役立っています．

◆　　　◆　　　◆

博士課程・ポスドクなどの経験を通して己の考え方を養うプロセスほど有意義で楽しい営みはないと思います．ただし常に順風満帆にいかないことも多々あります．そんなとき，

※1　パブリックスピーキングとリーダーシップを学ぶための国際的な非営利教育団体（https://www.toastmasters.org/）．日本にも支部がある（https://district76.org/）．

7章　アカデミア以外のキャリアパス

孤立状態に陥ったり精神的なバランスを崩さ
ないよう，自分の周りに励ましてくれる人，
頼れる人，気軽に助けや客観的なアドバイス
を求められる人などを事前に考えておくこと
は大切だと思います．そうした周囲のサポー

トシステムを構築しておけば，より実りある
研究留学を体験できるでしょう．そして元よ
り思い描いていた目標が達成できなかったと
しても，新しい道を切り開けることでしょう．

Column 7-4

米国大学院からコンサルティング，動物病院経営へ

渡利真也（A'alda Japan 株式会社）

はじめに

　私は臨床獣医師として日本でキャリアを開始し，その後最先端の獣医療を学びたいという思いから渡米し，カリフォルニア大学デイビス校のPh.D.コースで幹細胞の基礎研究をしながら，高度な外科治療技術の勉強をしていました．アメリカでの研究内容は楽しくやりがいもありましたが，カリフォルニアの地でさまざまな方々と交流する中で，獣医療バックグラウンドを活かしながらどのようにキャリアを築いていくべきなのかを考えるようになりました．

　私がお会いした方々の中には，医師でありながら経営コンサルタントとして活躍され，アメリカへMBAを取りに来られている方もいらっしゃり，想像したことのないキャリアの形があることに感銘を受けました．一方で，その当時の獣医業界には，獣医師免許と専門的な経営スキルを両方持つ人がいなかったので，獣医師×経営を突き詰めることが自分のチャレンジとしては面白いのではないかと思うようになりました．米国の大学院ではPh.D.コースの学生でも一定条件を満たせば博士号を取らずに修士号（MS）の学位を取得して卒業をする制度があるため，それを利用し，方向転換を行うことを決意しました．

実際に起こした行動

　アカデミア×専門職（獣医師）のキャリアを進んできた経営素人の私が，ビジネスの世界に足を踏み入れるには高い壁がありました．その当時29歳だった私は，ビジネス未経験で中途として入社するには年を取りすぎていたため，転職エージェントに相談した際にも非常に難しいだろうというお言葉を多くいただきました．一方で，経営にかかわる仕事に憧れがあった私は，研究職を通じて仮説思考と論理的な思考を学んできたのだから経営コンサルタントとしても活躍できるはずという信念を持ち続けて複数社に応募した結果，1社で5回の面接を経てボストン・コンサルティング・グループ（以下BCG）東京オフィスから内定をいただくことができました．

BCGで得た経営の経験

BCGでは獣医師がコンサルタントに採用されたのが初めてだったこともあり，珍しがられながらも大変魅力的な経営の経験を積ませていただきました．製薬会社，IT系企業，自動車産業などの全く異なる分野でグローバル企業の経営課題を抽出し，解決策を考えて，その実行を支援するプロセスを経験することができました．プロジェクトの中で，論理的な思考の構築方法，経営指標の分析方法などを学ばせていただき，経営の意思決定がどのように行われるかについての貴重な経験を得ることができました．日本で働きながらも，グローバル企業を相手にする仕事であったため，プロジェクトでは英語でコミュニケーションすることも多く，米国留学を通じて英語で論理的な思考を学んできた経験を仕事に活かせたと思います．3年間勤務する中で，コンサルタントとしてかかわることができるのはあくまで意思決定のサポートであることも理解し，自分自身で経営をしたいという意欲が芽生えてきました．

コンサルタントの経験を活かし，経営者としての新しいチャレンジ

そろそろ自分で経営をしてみたいと思っていたところ，BCGの元同僚の紹介でYCPグループという経営コンサルティングと事業会社の運営を行う当時30人ほどのスタートアップと出会いました．「動物病院事業の立ち上げをしたいから運営会社の社長として来てほしい」という自身のキャリアプランにマッチしたオファーを受け，1週間後には入社を決めていました．その会社では，後継者のいない動物病院を第三者が引き継ぐ「事業承継」を通じてゼロから病院を増やしていき，一般診療を行う病院から高度医療を行う病院まで10病院以上の事業承継とその運営に携わることができました．経営者としての経験がなかった自分にはすべての経験が新しい中で，グループの株式上場も経験をすることができ，非常に充実した毎日でした．現在は，もともと学生時代から描いていた「グローバルに活躍する獣医師」という夢を実現するべく，A'aldaグループというペットケアスタートアップの中で30病院の統括やインドなどに保有する病院との医療面での橋渡しをしています．グローバルな環境で仕事をするうえでは，他のアジア諸国から留学していた学生と交流した経験やビジネスで英語を使ってきた経験が，海外の獣医師や投資家とのネットワーキングにとても役に立っています．

おわりに

思い返してみると，人生のステージが変わる節目節目で良い出会いに恵まれた結果として今の自分があると思っています．ただ，そのときに準備をしていなければ，せっかくのチャンスも掴み取れなかったと思っています．これまで地道に研究や臨床でキャリアを築き上げてきた人は，異業種に興味があってもキャリアを転換することを躊躇することが少なくないと思いますが，これまでのトレーニングや経験が実は異分野で活躍する際の大きな強みになることを私は実感しています．常にアンテナを広く張って情報を集めつつ，自己研鑽を続けながら，自分の納得のいくキャリアを掴み取る方が増えることを願っております．

8章

留学後，日本のアカデミアで職を得るために［座談会］

安藤香奈絵（東京都立大学大学院理学研究科），井垣達吏（京都大学大学院生命科学研究科）
大石公彦（東京慈恵会医科大学小児科学講座），合田圭介（東京大学大学院理学系研究科）
園下将大（北海道大学遺伝子病制御研究所），星野歩子（東京大学先端科学技術研究センター）

研究留学は，さまざまな経験を通じて自らを高め得る可能性に満ちている一方，日本を離れることによる将来的な不安がつきまといます．「いったん国外に出てしまうと，日本のアカデミアに戻ってこられないのではないか？」という理由で留学を躊躇している方も少なからず存在していると思われます．本書の最終章ではアメリカでの留学を経験され，日本の大学に教員として戻ってこられた6名の研究者に集まっていただき，座談会形式で研究留学後に日本で就職をするために必要なこと，心がけておくべきことを忌憚なく語っていただきました．

〔座談会進行：山本慎也（ベイラー医科大学，テキサス小児病院）〕

山本 本日はお忙しい中，海外研究留学を経て日本に戻られた後に各分野で大変ご活躍をされている皆さんにお集まりいただき，感謝いたします．本座談会では現在実際に海外で研究をしているポスドクや大学院生，またこれから海外に出ることを検討している日本の研究者に向け，留学を終えた後に日本のアカデミアで職を得るにはどうすればいいのかを主に議論していただきたいと思います．職探しは何から開始すればいいのか，最終選考に残った際に気をつけるべきことや職が決

212　研究留学実践ガイド

8章　留学後，日本のアカデミアで職を得るために［座談会］

まった際の家族の問題，日米の研究文化の違いなどをいろいろと伺っていきたいと思います．

1 日本に戻るためにはコネが必要か？

山本　「海外への研究留学に大変興味があるが躊躇している」という方が一定数おられるという話を聞くことがあります．そうした方々の一番の心配事として「一度日本のアカデミアの枠組みから出てしまうと，将来的に戻ってこられなくなりそうで不安」といったことがあるようです．今日集まっていただいた皆様の経歴を拝見するとそのような心配は不要であるように感じますが，中には「どうせ強いコネがあったから帰ってこられたのだろう」といった邪推もあるかと思います．日本語で「コネ」という言葉は「実力に見合わない政治的な力」という意味合いでネガティブな印象を持たれがちですが，アメリカのアカデミアでは「コネクション」という言葉はその人が努力して築き上げてきた人と人のつながりであり，重要な財産であるというポジティブな印象があるかと思います．日本で職探しをする際に，実際何らかのコネクションが役に立った方はいらっしゃいますか？

井垣　これをコネクションといっていいかわかりませんが，ちょうど独立を考えていた頃に日本の学会に呼んでいただき，一時帰国の機会を利用して1週間に7カ所でセミナーをさせていただきました．そのときはまだ留学先での仕事が論文としてまとまっていない時期だったのですが，未発表のデータを引っ提げていろいろな大学を回りました．そのとき聴衆の中に自分の研究を面白いと思ってくださった方がおり，公募のポジションに関する情報を提供してくださいました．さらにそのポジションに私が実際に応募をした際には強い候補者として推していただけたようです．その方は私を強く推す義理は全くなかったと思うので，いわゆる日本的なコネというものではありませんでしたが，

213

ゆっくりお話をして信頼関係を築けた人と人のつながり，いわゆる「ご縁」がきっかけとなり日本に帰ることができました．アメリカでの独立も考えていたのですが，論文がアクセプトされていないとインタビューにすら呼んでもらえなかったでしょう．

山本　論文の有無に関しては，今はbioRxiv[※1]などにプレプリントを上げることで査読前の仕事をある程度評価してもらえるような体制が整いつつありますが，セミナーや学会発表を聞いて後押ししてくれるサポーターがいるとやはり心強いですね．

大石　私自身は臨床講座の主任教授として母校に戻りましたが，実は，若い頃から慈恵医大小児科から所属として離れたことはなく，医局員の一人として海外に長くいたんです．自分がアメリカにいる間に慈恵医大の小児科には3代の教授がいらしたのですが，その全員が，私が海外で活躍することを応援してくれていました．そして，何か若い人たちに還元できるものを持って帰ってくることを期待してくださっていました．自分の中ではそれを頭の片隅に意識しながらアメリカで研究・臨床・教育に一生懸命取り組んでいました．留学を開始した当初は今のような形で帰国することは想像していませんでしたが，結果的に長年のつながりとご縁が日本に戻る際に役立ちました．

合田　私は日本よりアメリカの方がかなりのコネ社会，信用社会だと思っています．いろいろな国籍とか人種の人たちがいて，論文実績だけ見ていても人となりがわからないことが結構ありますが，採用してみたら問題のある人だったとなると困るので，信頼できる人の話を重視する方が多いです．

大石　アメリカのボスの若い頃の上司であったEdward McCabe先生という当時のカリフォルニア大学ロサンゼルス校（UCLA）小児科の主任教授にもコネクションの重要性，コミュニケーションを重視して特に上司と良好な関係をきっちり維持することの大切さを教わりました．

※1　生命科学の分野の未発表の研究論文を査読前の段階で公開するためのサーバーの一つ．
https://www.biorxiv.org/

8章 留学後，日本のアカデミアで職を得るために［座談会］

写真は上段左から安藤香奈絵，井垣達吏，大石公彦，下段左から合田圭介，園下将大，星野歩子（敬称略）．

合田 私はコネ社会に結構否定的で，日本でもアメリカでもアカデミアが硬直化してきている原因なんじゃないかと思っています．今それを壊しつつあるのがスタートアップ企業だと思っていて，よっぽどGoogleなどの方が大学よりも革新的な研究をしていると感じます．

山本 コネクションを重視し過ぎると人材の流動性が低下し，保守的な社会になってしまうリスクがあるということですね．ただ，現状として人と人のつながりが日本でもアメリカでも重要視されていることを考えると，留学中もこれまで培ったネットワークや新しいご縁を大切にし，積極的にコネクションを維持，発展させることが将来のキャリアパスに重要だと感じます．

2 日本の公募，どうやって知る？

山本 就職活動に役立つようなコネクションが全くない中で日本に戻られた方は，どういう方法できっかけをつくられたのでしょうか？

園下 私の場合はJREC-IN[※2]でいろいろと検索をしました．まずどういうポジションが出ているのだろうと探すところから始めました．た

※2 JSTが提供する求人公募データベース．https://jrecin.jst.go.jp/seek/SeekTop

だでさえアメリカにいると日本の情報を得にくいので，やっぱりインターネットを使うしかなくて．あとは各大学や研究機関のホームページの公募情報をなるべく集めるように心掛けました．

安藤 私もとにかく公募を見て情報を収集し，結構応募しましたよ．

合田 私はJREC-INの存在を知りませんでした．ちょうどジョブハントの時期で，米国内のポジションに応募する中，知人から東大のポジションにも応募してみないかと言われ英語の書類をそのまま提出しました．ちなみに今の学部は3年次からの教育がすべて英語で行われており，教育に携わるのに高度な語学力が必要とされるため，海外留学を経験した人は少し有利になるかと思います．

星野 私は科学技術振興機構（JST）の「さきがけ」[※3]の獲得が大きなきっかけになりました．私は細胞が放出する小胞であるエクソソームの研究をしていたのですが，ちょうど私が帰ろうと思って逆算したタイミングで，微粒子の研究をテーマとする公募が始まりました．私は日本のグラントを常に見ているわけではなかったのですが，たまたま見たときにちょうどこれが公募中で，もう初年度の締め切りの直前でした．ただこのグラントに応募するには国内で研究できるポジションが必要なのですが，日本との接点があまりなく受け入れ研究室となってもらえる場所がなかったため，その年は応募することができませんでした．その後，一時帰国の際に博士論文の審査員の一人だった東京大学の後藤由季子先生のところでセミナーをさせていただく機会があり，その際にさきがけが取れた際の受け入れ研究室になっていただきたい旨を相談させていただいたところ快諾いただけました．2年目の公募で無事採用され，後藤先生の研究室にお世話になる形で帰国することができました．帰国してからしばらくして，東京工業大学の女性限定公募に応募して准教授として独立することができました．

※3　JSTの日本の若手研究者の独立をサポートするグラント．総額3,000万～4,000万円と若手向けの研究費としては予算規模も比較的大きく，研究者ネットワークの構築を重視しているプログラムであるため，同世代の研究者とのコネクションもできやすい．https://www.jst.go.jp/kisoken/presto/about/index.html

8章　留学後，日本のアカデミアで職を得るために［座談会］

山本　最近，東大でも教授・准教授レベルの女性教員を2027年度までに300人増やす施策を開始したと聞きました[4]．日本はアメリカに比べまだまだ女性の教員が少ないので非常に重要な取り組みだと思いますし，他の大学でも似たような活動が今後も増えていくと思われます．こうしたトレンドはこれから留学を考えている女子学生や現在海外で研究されている女性ポスドクにとっては朗報かと思いますので，こうした大学改革の情報を積極的に収集し，帰国の際のポジション探しの参考にしていただければと思います．

園下　博士論文の審査員を務めていただいたという「コネクション」を大切にしてきたおかげで，その後のキャリアの構築につながったという話も大変興味深いと思いました．誰が誰とつながっているか，この世界意外とすごく狭いですよね．

3　アメリカと日本でのインタビューや条件交渉の違い

山本　日本の公募に応募してインタビューに呼ばれた際に，アメリカとの違いなどを感じた方はいらっしゃいますか？

安藤　アメリカのインタビューは丸1日かけて研究発表のセミナー以外にも一人ひとりファカルティと会って面談したり，人となりをみるために昼食や夕食をセットアップするなど，手間暇をかけて候補者をじっくりと評価します．一方日本の場合は数人の候補を同じ日に面接するような感じで各候補に費やす時間が圧倒的に少ない印象を受けました．またアメリカではオファーを受けた後，ラボスペースやサラリー，授業の負担率などを交渉してとにかく一番いい条件を引っ張り出すのが重要なのですが，日本ではそういう交渉の余地はない印象を受けました．

---

[4]　女性リーダー育成に向けた施策「UTokyo 男女+協働改革 #WeChange」
https://www.u-tokyo.ac.jp/kyodo-sankaku/ja/news/wechange.html

山本　なるほど．ちなみにインタビューで日本に行くとき，旅費はどうでしたか．

安藤　私の場合は先方が出してくれました．引っ越し代もでした．これはアメリカでは当たり前ですが，日本では出してくれないところもあるようです．

園下　自分の場合は旅費を出してくれるところと自分で出すところが半々でしたね．だから自己負担のところにインタビューに行って決まらないとストレスが溜まってしまいました．

4 帰国の際の家族の動向

山本　無事日本で就職先が見つかった場合，次に問題になるのがご家族に関することだと思います．ご結婚されていて，配偶者が研究者だったりそうでなかったり，またお子様の有無など，いろいろなパターンがあるかと思いますが，皆さんの事情を少し伺ってもよろしいですか？

安藤　私の場合は配偶者も研究者なのですが，彼の方が先にポジションが決まって，私より先に帰っちゃいました．私はその1年後に帰ったのですが，帰った場所は全然違って，今も彼は名古屋にいるので一緒には住んでいません．

山本　そのあたりはとても日本的ですね．アメリカの場合は夫婦が別居することはほとんどありえなくて，1人決まったらやはり配偶者の分のポジションも併せて近くで探すことになるかと思います．

大石　私の場合，息子がアメリカの大学の医学部に通っています．彼は現地でのキャリアを選び日本に帰るつもりはなかったので，家族はアメリカに残り，私は単身赴任で戻ってきました．

星野　私の夫は研究とは全く関係ない仕事をしているのですが，合わせてもらえました．帰るタイミングのすり合わせをそれまでに何年もしていたから，帰国が決まったときにはスムーズでした．

218　　研究留学実践ガイド

8章　留学後，日本のアカデミアで職を得るために［座談会］

山本　やはり皆さんそれぞれですね．日頃から家族と話し合い，時間をかけて各家庭に合った帰国プランを練っておくことの重要性を感じます．

5 日本に帰ってきて苦労したこと，良かったこと

山本　日本に帰ってから苦労したことはありますか？ たまに日本の教員は雑務に忙殺されたり，教育の負担が大きく，研究に割ける時間が少ないという話を耳にすることがあるのですが，実際はどうですか？

井垣　私の場合はすごく困ったことはありませんでしたね．運良く，割と好きにやらせてもらえました．

園下　私も比較的恵まれている方で，思ったより負担は大きくありませんでした．例えば現在，主に1年生を対象とする全学教育科目を担当しているのですが，好奇心を持った学生が授業を取ってくれるのが新鮮ですね．自分はむしろ教えることが好きなので，選択科目をもう少し担当してもいいと思っています．もちろん自分の研究とのバランスを考慮する必要はありますが，講義などを通して研究に興味を持ってくれた学生が実際に研究室見学に来てくれることもあります．こういった人たちの進路選択の一助になれば嬉しく思いますし，もちろん将来自分の研究室に来てくれることも期待しています．

合田　日本の改善すべきところは，少しマクロな視点になるのですが，ファンディングが国の政策に偏りすぎている点ですね．すなわちトップダウンで重点的に研究資金を投資する分野がある程度決まってしまっていて，人を基準とした投資があまりない．アメリカみたいに，ハワードヒューズ医学研究所（Howard Hughes Medical Institute）[5] とか米国国立衛生研究所（National Institutes of Health：NIH）のNIH

※5　https://www.hhmi.org/

Director's Pioneer Award[6]やNIH Director's New Innovator Award[7]とかがやっているように，大きなインパクトを与えてくれるなら別に何の分野でもいいから実力やポテンシャルがある人にドンと数億円与えるといった方針の方が革新的な研究が進むと思います．

山本 逆に日本ならではのメリットはどうでしょう？

合田 日本の大学はアメリカに比べて学生の平均的な質が高いと思います．MITやバークレーはピンキリで，本当にすごい人もいるけれど，そうでない人も少なくありません．また，アメリカは人件費がとても高く，学生やポスドクを1人雇うには年間10万ドル（約1,500万円）ほどかかります．今，私は52人が所属する研究室を運営していますが，この規模のラボをアメリカで維持しようとすると相当きついです．

山本 専門性が異なった多様な人材を雇い，大きなチームを組んで仕事の幅を広げることができるわけですね．一方，アメリカでは一つひとつのラボの規模が日本に比べ比較的小さいので，そこを補うためにラボ間のコラボレーションが発達しているように思います．

6 これから留学しようか迷っている方々へ

山本 皆さんのなかで，留学先のラボと現在でも共同研究をしているという方はいらっしゃいますか？

（3人挙手）

山本 では留学先で培ったネットワークが現在でもご自身の研究に役立っているという方はどれくらいいらっしゃるでしょうか？

（全員挙手）

山本 なるほど，帰国してから研究を進めていくうえでも，留学時に築き上げた人との絆やご縁がとても有用だということがわかりますね．

※6 https://commonfund.nih.gov/pioneer
※7 https://commonfund.nih.gov/newinnovator

最後になりますが，これから研究で海外に行こうか迷っている人たちに，アドバイスをいただけますでしょうか？

園下　大変かもしれませんが行ってほしいと思いますね．私はやはり，将来の共同研究者をつくるとともに，ライバルやレビューアーになるであろう人たちに直接会いたかった．そういう人たちがどういうふうに過ごしてどういうことを考えているかが知りたくて．やっぱりそれを知らないと自分もいい研究ができないと思っていました．日本でも素晴らしい研究をしているラボはたくさんありますし，そこで修行すればいい研究ができるとも思いますが，海外での生活を通して研究面だけではなくやはり人間としても多様な価値観に触れて，研究と人間性の両方を豊かにするところにぜひ役立ててほしいですね．日本でできない経験がたくさんできますので勇気を出して行ってみてほしいと思いますし，そういう方が日本に帰ってくるときにはわれわれがサポートすることができればと思っています．

安藤　行ったらいいと私も思います．楽しいですし，いろいろな人がいるというのがわかって良かったと思います．例えばコールド・スプリング・ハーバーに行ってびっくりしたのが，トップがHollis Cline先生という女性だったんです．東大で所属していた学部では女性の教授がまだ一人もいなかった時代だったので，いろいろ気づかされることがありました．その後もアメリカでは半数以上が女性というDepartmentばかりを経験し，それが当たり前であるというのがわかっただけでも行って良かったと思います．

井垣　私は留学したのが本当に大きかったです．留学自体がかなり大きなチャレンジで，かなり強いアタックだと思うんですよね．ただ，挑戦すると絶対何か大きいものが返ってくるので，もしかしたら失敗することもあるかもしれませんが，やっぱりすごく面白いと思う．あと，私たちが若い人を見るときには，研究者として"迫力"があるかを見るのですが，参考にするのは応募書類だけではないんですよね．まだ実績として形になっていなかったとしても，その人がどういうものを

めざしているか，そしてどういうアプローチを取っているかを，少なくとも私は重視します．そういったものはチャレンジしていく中で見つかってくるものだと思うので，そういう意味でもいろいろな挑戦をしてほしいと思っています．

大石 私も行くべきだと思っています．ただ，留学したときの業績って結局はボスの力であって，そこから独立した後に自分のものをつくり上げていく過程がどれだけ大変であるかということを学ぶことも非常に大事だと感じます．その過程で挫折してしまう人もたくさんいると思うけれど，努力する過程を含めていろいろ経験するというのはすごく大事だと思います．また，私の場合，ニューヨーク滞在中に日本から駐在員として来ていた政府関係者やさまざまな企業の人などたくさんの異業種の人たちに会えたことも良かったと感じています．そういった人たちとの交流が人間を大きくしてくれるのではないかと思うので，どんどん行ってほしいと思います．一方で，最近の若い人たちと話をしていると，若い頃から細かく人生設計をすでにしていて，その実現が可能であるかを心配する人もいて，すごく複雑な気持ちになることもあります．ほとんどの場合，自分で考えていた計画どおりに行くことはなく，新たな挑戦で開ける道や縁もあるのではないかと思います．そういったことからも，留学をしたいという人には積極的に行けるようにしてあげたい気持ちが強いので，われわれのような留学経験者がアドバイスや心の準備をするお手伝いをできればと考えています．

星野 私は，たしかに自分がやりたい研究が海外にあるのなら行くべきだと思いますが，それが国内にあるのであれば，必ずしも海外に出る必要はないと思います．ただ，自分の研究にユニークさを出すためには，必ずしも海外じゃなくてもいいから自分の独自性をつくれるような経験を積んでもらいたいと思います．

合田 過去30年間のノーベル賞受賞者を見ると，その大多数は母国を離れて留学しているんですよ．米国籍を取得するなど二重国籍の割合も高くて，渡米後に国籍を変更された眞鍋淑郎先生のような方もいらっ

しゃいますね．実際，移動することで考え方に多様性が生まれる，プロダクティビティが上がるというデータ[8]も出ていて，研究の質を上げたり，幅を広げるためには留学が非常にいいということは間違いない．私は特に地方出身の人に留学をおすすめします．例えば東大の入学者は6割が関東出身なんです．地方出身の学生は4割で，大学入試の時点からすでに関東出身の人と情報の格差があるわけです．実は日本の歴史って明治維新に代表されるように地方から変わることが多くて，今後地方出身者が海外に留学して新しい考え方を身につけ，硬直化した日本を変えていってくれることを期待しています．

また私は今，文部科学省の「トビタテ！留学JAPAN」[9]などを通じて留学の支援に携わっていますが，海外留学には大きな問題が二つあります．一つは金銭面です．Ph.D.コースの大学院生で留学先から給付金や奨学金をもらうことが確定していたらいいのですが，アメリカの大学の学部や修士課程の授業料は公立校でもすごく高くて，普通の日本の一般家庭ではまず難しい．もう一つは安全面です．日本の方がはるかに安全なので，特に女性の場合に親が子どもを海外に出したくない．ただ留学には大きなベネフィットがあるので，いかにリスクヘッジをしながら，障害を取り除いていくかが課題だと思います．

それから，実は最近，アメリカからの頭脳流出が話題になっています[10]．昨年までアメリカは頭脳流入先でしたが，今年は逆にアメリカから中国などへの頭脳流出が増えています．これは結構大きいニュースで，今後アメリカが科学研究のトップに居続けるかはわからないと思っています．私も当然留学した方がいいと思いますが，アメリカがナンバーワンだとは思っていないですし，欧州も研究の予算が大幅に削減されるなど，結構まずい状況です．また，学生はよく，大学ランキングなどを信用しがちなのですが，あれは非常に恣意的なものであ

※8　https://www.forbes.com/sites/stuartanderson/2021/10/07/immigrants-keep-winning-nobel-prizes/?sh=6021970c121a
※9　https://tobitate.mext.go.jp/
※10　https://www.cato.org/blog/abandoning-us-more-scientists-go-china

ることがアメリカ国内でも大きな問題になっています．大学名にこだわって留学先を決めたばかりに，研究生活がうまくいかなかった人を何人も見てきたので，そんな目に遭わないように，留学先はしっかり吟味して決めてほしいと思います．

山本 こうした情報は一般のニュースよりも Nature や Science の Editorial などで取り上げられることが多いので，研究分野に特化したサイエンスの情報以外にも，各国の科学政策やファンディングに関する情報なども日頃から積極的に収集し分析する姿勢が大切だと感じます．また海外留学や国内での異動を重ねることで自分の中の多様性を生み出すことができるというお話を伺い，2023年の東大の入学式におけるグローバルファンドの馬渕俊介さんの祝辞にあった「一つの分野で世界のナンバーワンになることは，とても難しい．ですが，いくつかの重要な分野の経験やスキルを，自分だけにユニークな組合せとして持っていて，それらを掛け算して問題解決に使えるのは自分だけという"オンリーワン"には，なることができます」[11] という発言に直接つながるのではないかと感じました．自分の分野を開拓していく戦略を早い段階から考えている人が成功していくのかなと思いますし，読者の方々にはその手段の一つとして大学院生やポスドクとしての研究留学を視野に入れていただければと思います．座談会にご参加いただいた皆さん，本日は誠に貴重なお話と前向きなご意見をありがとうございました．

　また，本企画の書籍化にあたりまして，海外からの研究者の招聘に力を入れている日本の研究機関（**Column 8-1** 参照），いったん留学後に日本のアカデミアでポジションを得た後に再び米国のアカデミアに戻られた研究者（**Column 8-2** 参照），日米でラボを運営されている研究者（**Column 8-3** 参照）のお話をコラムとして掲載させていただく運びになりました．読者の皆様には本書の他の章に掲載された多数のコラムもぜひ参考にしていただき，研究留学をする・しないにかかわら

---

[11]　https://www.u-tokyo.ac.jp/ja/about/president/b_message2023_03.html

ず，ご自身やご家族の状況に最適なキャリアプランを検討していただき，サイエンスと向き合い続けていただきたいと心より願っています．

（収録：2023年7月12日）

※書籍化にあたり，内容を一部改訂いたしました．

参加者プロフィール（五十音順）

安藤香奈絵

東京都立大学 大学院理学研究科 准教授．ロックフェラー大学から帰国したばかりであった学部時代の指導教官（鈴木利治先生）に影響を受け，博士号取得後の米国留学を決意．ショウジョウバエを用いた記憶のメカニズムの一端を解明したCell誌の論文[A]に影響され，筆頭著者のコールド・スプリング・ハーバー研究所のJerry Yin先生の下へ2001年にポスドクとして留学．'06年にトーマス・ジェファーソン大学でAssistant Professorとして独立．米国の大学院大学での教育活動や運営に携わる中で，より多くの時間を教育に費やしたいと思うようになり，都立大が新規の英語課程[B]を立ち上げるタイミングで'14年に現職に就任．英語を自在に操れる国際的な研究者の育成に励む傍ら，ショウジョウバエを用いたアルツハイマー病や老化の研究[C]に邁進している．

[A] https://pubmed.ncbi.nlm.nih.gov/7720066/
[B] https://globalj.biol.se.tmu.ac.jp/?page_id=36
[C] https://pubmed.ncbi.nlm.nih.gov/38712317/

井垣達吏

京都大学 大学院生命科学研究科 教授．大学院時代に細胞間コミュニケーションに強い興味を抱き，ショウジョウバエでクローン解析[D]という革新的な実験手法を開発したイェール大学のTian Xu先生の研究室へ2003年にポスドクとして留学．生涯をかけて研究できるようなテーマを模索する中で，細胞競合という興味深い現象と出会う[E]．この現象をとことん追求するためには独立しないといけないと考え，応募先を検討する中，一時帰国して参加した日本の学会において神戸大学で新しくテニュアトラック制度が導入されるらしいという情報を耳にする．'07年に同大学大学院医学研究科にて独立特命助教としてラボを立ち上げた後，'12年にテニュア獲得．'13年に京都大学に移り現職に就く．当初の予定通り一貫して細胞競合の分子メカニズムを研究し[F]，後進にも一生かけて研究するに値する研究テーマを探すことの重要性を説く．

[D] https://pubmed.ncbi.nlm.nih.gov/8404527/
[E] https://pubmed.ncbi.nlm.nih.gov/19289090/
[F] https://pubmed.ncbi.nlm.nih.gov/26637532/

大石公彦

東京慈恵会医科大学 小児科学講座 主任教授．1994年に同大学医学部を卒業し医師免許を取得した後，小児科医としての研修を日本で修了．研究も臨床もできるPhysician Scientistになるべく，教育制度が充実したアメリカへの留学を強く希望．当時の指導教官（衞藤義勝先生）の紹介で'98年にマウントサイナイ医科大学のBruce Gelb先生の下で研究留学を開始する．ビタミンB1トランスポーターの遺伝子クローニング[G]やヌーナン症候群のショウジョウバエ疾患モデルの開発[H]などを通じ多様な実験手法を習得．2009年に念願が叶い，マウントサイナイ医科大学小児科の日本人初のレジデント，臨床遺伝フェローとして米国の臨床教育を受ける．その後'14年に同大学でAssistant Professorとして独立し，研究・臨床・教育活動に奔走．'21年に母校の公募に応募する形で現在の職に就任するために帰国．150人ほどの医局員，16の関連病院，10個の研究班の総括をしつつ，自らの研究室では先天代謝異常や奇形症候群などの新規遺伝子探索やモデルマウスを用いた生化学的な研究[I]を精力的に行っている．

[G] https://pubmed.ncbi.nlm.nih.gov/10391223/
[H] https://pubmed.ncbi.nlm.nih.gov/16399795/
[I] https://pubmed.ncbi.nlm.nih.gov/37268768/

合田圭介

東京大学 大学院理学系研究科 教授．早い段階での留学のメリット・必要性を感じて在籍していた早稲田大学の学部課程を中退，1997年に米国のコミュニティーカレッジを足がかりにカリフォルニア大学バークレー校へ転籍し学士号を取得．その後，マサチューセッツ工科大学（MIT）で博士号を取得した後にカリフォルニア大学ロサンゼルス校（UCLA）でポスドク・プログラムマネージャーとして活躍．独立したポジションを得るためにさまざまな公募に応募をした際に米国内でも複数の大学教員ポジションのオファーを受けたが，変化や学際的研究ができる環境を求めて帰国を決意．2012年より現職．'19年よりUCLAと武漢大学で非常勤教授を兼任し，グローバルな研究と教育を実施中．博士課程在学中にLIGOで行った仕事が同研究所のノーベル物理学賞の受賞［J］に寄与するなどインパクトの高い仕事を行ってきており，生命科学の分野にAIを積極的に導入したり［K］，最先端のイメージング技術をCOVID-19の研究に応用する［L］など，革新的な技術開発や次世代のリーダーの育成を行う傍ら，ベンチャー企業の創設や経営にも携わっている．

［J］https://www.nobelprize.org/prizes/physics/2017/summary/
［K］https://pubmed.ncbi.nlm.nih.gov/30166209/
［L］https://pubmed.ncbi.nlm.nih.gov/34887400/

園下将大

北海道大学 遺伝子病制御研究所 教授．2013年まで京都大学で准教授としてマウスをはじめとする哺乳類モデルを用いたがん研究を行っていたが，研究をより効率的に推進したいとの思いを徐々に抱くようになる．そんな折，ショウジョウバエを用いてがん治療薬の開発を加速する試みを報告したNature誌の論文［M］に大きな衝撃を受け，責任著者であるマウントサイナイ医大学のRoss Cagan先生のラボへの留学を決意．当時京大が実施していた若手教員海外派遣事業（通称「ジョン万プログラム」）にタイミング良く採択され渡米し，一からハエ実験系を学んだ．留学先で習得した技術を渡米前までに得ていた経験と組合わせることで独自のケミカルスクリーニングの手法を開発［N］．アメリカで学んだことを持ち帰り，後進の指導に当たることで自分を育ててくれた日本の役に立ちたいとの思いを強く抱き，就職活動を開始．'18年より現職．がん制御学教室を立ち上げ，ショウジョウバエと哺乳類の実験系を連動させ，特に難治がんの発生機序の解明や治療法の開発に注力している［O］．研究成果の社会実装をめざし，スタートアップの起業と経営にも挑戦中．

［M］https://pubmed.ncbi.nlm.nih.gov/22678283/
［N］https://pubmed.ncbi.nlm.nih.gov/29355849/
［O］https://pubmed.ncbi.nlm.nih.gov/37378549/

星野歩子

東京大学 先端科学技術研究センター 教授．がんの根本的な治療法を確立したいという熱意を持って研究に携わる中で，大学院時代に読んだ「前転移ニッチ」（がん細胞の転移先となる臓器はあらかじめ耕されている）という概念を提唱した論文［P］に大きな影響を受け，ぜひこの研究を先導したコーネル大学のDavid Lyden先生のもとに留学したいとの強い思いを抱く．学会で来日したPIに勇気を出して質問をしたことがきっかけとなりつながりができる．定期的にメールを送るといった根気強いアピールが功を奏し，2010年より大学院の最終学年からの留学が実現．「若手」といわれる30代のうちに日本で研究室を構えることを目標に掲げ研究に没頭．同研究室でポスドク，Instructor, Assistant Professorと昇進し，研究のみならずラボの運営手法などを学ぶ．がん細胞が産生するエクソソームが前転移ニッチに関与している［Q］という仕事で注目を浴び，若手の独立をサポートする日本のグラントを取得．'19年に帰国し東京大学に講師として着任後，東京工業大学で准教授として'20年に独立．'23年より現職．がん以外の疾患や妊娠といった生理的な現象にも研究の幅を広げ［R］，エクソソームに着目した病気の新しい診断法や治療法の可能性を追求し続けている．

［P］https://pubmed.ncbi.nlm.nih.gov/16341007/
［Q］https://pubmed.ncbi.nlm.nih.gov/26524530/
［R］https://pubmed.ncbi.nlm.nih.gov/33231644/

Column 8-1

世界で活躍する研究者を
リクルートする工夫

伊藤　徹（沖縄科学技術大学院大学 アカデミック人事セクション）

　沖縄科学技術大学院大学（OIST）は，2011年に設立された科学分野の5年一貫制博士課程を置く学際的な大学院大学です．そのミッションは，先駆的大学院大学として，科学的知見の最先端を切り拓く研究を行い，次世代の科学研究をリードする研究者を育て，沖縄におけるイノベーションを促進する拠点としての役割を果たすことです．研究・教育とともに，産学官連携も重視しており，産業界や行政機関との協力を通じて実用化可能な研究成果を生み出すことをめざしています．本コラムではOISTの研究環境の強みや，世界で活躍する研究者をリクルートする際の工夫について，人事セクションの立場からご紹介します．

研究環境の強み

　OISTが持つ研究環境の強みは，主に以下の3点です．

①**国際的な研究環境**：OISTの公用語は英語であり，世界中から研究者や学生を積極的に受け入れています．学生においては約8割，教員は約6割が外国人であり，異なる国籍や文化を持つ人々が協働する環境を整えています．

②**自由度の高い研究**：OISTは独自のファンディングモデルにより，研究者に対して革新的な研究をある程度自由にできる資金を提供し，数年にわたる継続した研究支援を可能にしています．研究者は自らの興味や専門分野に基づいて研究テーマを選び，自律的に研究を進めることができます．

③**学際的アプローチ**：OISTではあえて学部や学科を設けず，異なる専門分野の研究者が協力して研究を行うことが奨励されています．そうすることで，新たな発見や革新的な発想が生まれやすい環境づくりをしています．

研究者をリクルートする際の工夫

　海外から研究室の主宰者となる研究職に応募する際の雇用条件については，あらかじめ決定された枠の中での条件提示を一方的に行わず，人件費を含めた研究資金・研究スペース・給与などについて，候補者と十分な交渉

を重ねて最終決定をします．また，OIST では真に国際的な研究環境を重視しているため，外国人研究者やその家族に対するきめ細かなサポート体制を整えています[※1]．具体的には，海外から沖縄に引っ越すまでの赴任サポートプログラムの提供や，異文化での暮らしをサポートする目的として，キャンパス内でのチャイルドケア施設や日本語教育プログラムの提供，日常生活において相談を受ける専門職員の配置など，異国の地でも研究活動に専念できる環境を整えています．帯同する研究者のパートナーが同時に研究職を得るための支援についても柔軟に検討できる体制を整えています．

また OIST では，研究者が研究活動に専念できるよう，大学が所有する先端的な研究施設や機器，それにまつわる技術支援を自由度高く利用できるほか，研究プロジェクトに必要な経費や資金の調達に関するサポートも行われます．また，外部からの助成金や産業界との連携による資金調達のための支援も提供しています．

OIST における研究者のキャリア形成を支援する重要な制度の一つにテニュアトラック制度があります．この制度では，優れた研究者に対してテニュアトラック教員としてのポジションが提供され，一定期間の評価を経て，永久的なポジションであるテニュアポジションへの昇進が可能となります．評価時の基準としては，学識が深く教育能力が高いことを第一義的な要素として，学外評価者からの公平かつ厳格な評価が行われております．審査におけるメンバーは多様性も重視して構成されます．テニュアトラック教員は，研究成果や教育業績，大学の発展への貢献など，複数の観点で評価を受けることによって，自身の研究キャリアの発展が支援されます．

このように OIST は，日本にいながら海外の一流研究所と同水準の研究環境や評価基準を備え，多様で優秀な研究者が国際的な雰囲気の中，高度な研究活動に専念できるような環境を整えています．日本にいながら国際的な環境でトレーニングを受けたいと考える大学院生・ポスドクの方々はもちろん，海外で研究をしている日本人 PI が国内に研究拠点を移すことを検討する際にも，公募情報等[※2]を参考にしていただき，リロケーションの候補地としてご検討いただければと思います．

※1　https://groups.oist.jp/ja/hr-relocation
※2　https://www.oist.jp/ja/careers

Column 8-2

帰国後アメリカで独立するという選択

山下真幸（セントジュード小児研究病院）

　私は日本の大学院で学位を取得した後，アメリカ留学後の4年間はポスドクとして，帰国後の4年間は大学助教として，造血幹細胞の基礎研究を続けてきました．そして比較的最近，日本からアメリカのテニュアトラックポジションに応募し，最終的にテネシー州メンフィスにあるセントジュード小児研究病院で自分のラボを持つことができました．国境を超えてファカルティ職に応募するのは一見ハードルが高く，留学から帰国したらなかなか海外には目が向かないかもしれません．しかし，オンライン選考が普及した現在，国境を超えた就職活動は必ずしも夢物語ではなく，より好条件のオファーを得るための重要な選択肢となりつつあります．そこで本稿では，私が日本に帰国してからいかにアメリカでテニュアトラックポジションを獲得できたか，その経緯について紙面の許す限りご紹介したいと思います．

日本の助教は「ポスドク＋中間管理職」

　留学先のUCSFとコロンビア大学ではともに研究に没頭する戦友に恵まれ，物価高で生活はカツカツでしたが，とても充実した時間を過ごしました．かくいう私も，留学した当初はいずれ帰国して日本で独立する将来を漠然と想像しており，三男誕生と論文発表のタイミングで日本に帰国しました．帰国後は助教として大学院生を指導する傍ら，留学先から持ち帰った自身のプロジェクトを進めるため夜遅くまで実験をこなし，研究費獲得のため必死で申請書を書き続けました．郊外から片道1時間かけて都心まで電車通勤していましたが，それでも大学からの教員としての給料だけでは専業主婦の妻と3人の子どもの生活費を賄えず，週1日は医師免許を使って外勤せざるを得ませんでした．もともとエフォート（自分が使える時間）の約半分を教室の（主任教授が主導する）研究に割かなければならない制約の中で，さらに週1日を研究以外に当てざるを得ないという状況は，自身の研究が進むにつれて大きな足枷になりました．独立すれば状況が改善するだろうという淡い期待を抱きながら，休日も返上で仕事する

日々が続きました.

日本で独立する≒何かを犠牲にする

　幸い自分のプロジェクトは順調に進み，6つの民間研究助成，科研費の若手・基盤B，JST創発的研究事業に採択していただきました．ところが，独立に向けて情報収集するにつれ，日本での独立を躊躇させる3つの障壁があることに気づきました．それは①コアファシリティの充実度の低さ，②大学からのスタートアップの少なさ，③人件費確保の難しさです．すべての研究費を合わせると年間1,200万円くらいでしたが，それでは研究機器を揃え，テクニシャンやポスドクを雇い，ラボを運営するには不十分です．もっと資金を集めたくても，いわゆる重複制限のために他の研究費に応募できないか，できても公平性担保という名目でもらえる研究費が減額されるという矛盾があります．独立しないと本当の意味で自分の研究を行えませんが，このような現状では国内で独立すると自分の研究をスケールダウンせざるを得ません．そのような中，コロナで中断していた対面での学会が徐々に再開し，アメリカの同僚や友人と数年ぶりに再会する機会が増えました．そして，彼らが独立した際のスタートアップや，ファカルティになって生活がいかに変わったかという話を聞いているうちに，今からでもアメリカでテニュアトラックポジションを得られないか，真剣に考えるようになったのです．

国境を超えた就活は意外と簡単

　参加した学会でたまたま宣伝していたウィスコンシン大学のテニュアトラック職に思い切って応募してみたところ，応募自体は日本からでも案外難しくないことに気づきました．大学のウェブページで求人情報を見つけたら，フォームに従って自分の個人情報を登録し，Cover Letter（1ページ），履歴書（3〜5ページ），独立後の研究ビジョンを綴ったResearch Statement（2ページ），学生やポスドクの指導方針をまとめたTeaching Philosophy（0.5ページ），そして推薦状を依頼するための3〜4人の連絡先をアップロードするだけです．約1カ月後，選考委員長の先生から突然オンラインで面接したいとメールが届きました．面接後は残念ながら梨の礫（つぶて）でしたが，諦めずに別の3つの求人にアプライしたところ，程なくセントジュードで二次選考に呼ばれました．オンラインでのセミナー（30〜40分）とファカルティとの1対1面接（30分×人数分）を1週間かけて行った後，chalk talkのため現地に呼ばれました．この際の渡航費用はすべて研究所が支払ってくれたため，金銭的負担はゼロでした．最終選考が終わって1カ月ほどで採用内定のメールが届きました．Wordでオファーレターの草案を受け取り，細かい内容についていくつか交渉した後，FedExで届く書類にサインして送り返せば契約完了です．コアファシリティ，スタートアップ，人件費サポートいずれの面でも申し分なく，給与も大幅アップ（日本の教授の2倍くらい？），引っ越しや家族全員の渡航費用もすべてカバーされるため，喜んで引き受けました．

おわりに

　私の場合，日本で応募を始めてからアメリカのポジションを獲得するまで約1年かかり

ました．打率4分の1なので，割と現実的な選択肢だったと思います．海外でオファーをもらうためには，研究内容はもちろん，留学等で培った現地でのネットワークが必要不可欠です．ポストコロナでオンライン選考が普及した昨今，留学後はいったん日本に戻り，落ち着いたらアメリカのテニュアトラックを狙ってみる，そんなキャリアパスも悪くないかもしれません．

Column 8-3

日・米で研究室を運営する

鳥居啓子（テキサス大学オースティン校，ハワードヒューズ医学研究所）

　海外にてPIとしてラボを運営する大学教員の中には，「サテライトラボ」などと称する第二の研究室を日本国内に構える者も少なくない．それぞれ，状況も事情も異なるであろうし，画一したしくみがあるわけでもないだろう．海外のPIが出身大学院などに声をかけられ兼任というパターンは多そうだ．私の場合，どのような縁で日米で研究室を運営することになったか，そこそこシニアなレベルでの『日米アカデミアの渡り方』を可能な範囲で述べようかと思う．ただ，上になればなるほど経験者は少なくなるため，特にこれといった定石があるとも思えない．あくまで，私個人のストーリーであることをご了承いただきたい．

二度の出産とテニュア獲得と異例の教授昇進

　私は，米国の大学でテニュアトラック教員の公募を介してワシントン州シアトル市にあるワシントン大学のDepartment of Biologyにてこぢんまりとした研究室を運営してきた．テニュアトラック2年目に知り合った別の学部の教員（ドイツ人物理学者）と家庭を築くことになり，4年目に長女が生まれた．無謀というか，あまりキャリアのこととか何も考えていなかったのかもしれない．研究自体は絶好調であり，出産と育児でテニュアクロックを延長することなくテニュアを獲得し准教授に昇進した．テニュア審査中に，植物の気孔の分布を制御する受容体を同定した研究成果がScience誌に掲載され，その2年後には，奇しくも次女が生まれた日に，気孔の発生分化を司るマスター転写因子の発見の論文をNature誌に発表できた．乳幼児2人を抱える身であったが，研究に脂が乗っていたこともあり，その翌年には異例の短期間で准教授から教授へ昇進審査へ乗ることになった．

　ここまで書けば，あたかも順風満帆のように思えるかもしれないが，内心はかなり焦っていた，というか憔悴していた．なぜかといえば，私はかなり小さい（メンバーが5人前後の）少数精鋭ラボを運営してきたわけだが，研究があまりにもうまくいってしまい，ポスドク全員が教員職を得て，優秀な技術員全員

が大学院の博士課程へ進学することになり，ラボに人がいなくなってしまった．私はといえば，乳飲み子と保育園児を抱え研究する時間も限られてしまうし，米国科学財団（NSF）のグラントを2つ持っていたものの3つ目が取れないし，額の大きいNIHグラントからは相手にもされない．幸運にも，2008年に日本のJSTさきがけ（生命システム，中西重忠総括）に採用していただき，日本の幅広い分野の若手研究者たちと知り合うことができた．ちなみにさきがけは素晴らしい人材育成システムである．海外在住でも応募・参画できるため，皆さんにはぜひともチャレンジしていただきたい（p.216 ※3参照）．

日本の女性限定公募への応募と同時期のHHMIへの採用

さきがけを通して日本の先生方と交流を深めさせていただいたある日，名古屋大の先生から「今回，学部や分野を限定しない幅広い理工系分野全般の教授の女性限定公募が出ることになった．初めての試みでぜひとも成功させたい．女性限定公募への批判の声もあり，本当に実力のある女性研究者に来てもらいたい」という旨のメールが届いた．日本語ができないドイツ人，しかも米大学の准教授であるパートナーのことを考えるとかなり躊躇はあった．しかし，この先の研究展開を考え，また，当時の40代前半という年齢から，日本で拠点を築く最後のチャンスだろうと夫を説得し応募した．最終面接は驚くほど和気藹々としており，オファーを獲得された方と一緒に当時の大学総長であった濵口道成先生とお話ししたり，自分なりの夢をストレートに語

らせていただいた．名古屋大では，男女共同参画室にて活発に女性研究者育成業務が行われており，室長の束村博子教授や佐々木成江准教授（当時）が大学内に学童を設立するなど，ワークライフバランスの推進という面でも素晴らしく感銘を受けた．

そんな中，ダメ元で応募していた「ハワードヒューズ医学研究所（HHMI）とムーア財団が行った【米国の革新的な植物研究者】のコンペに選ばれた」との通知が届いた．私以外は全員が米国科学アカデミー会員でとんでもなくすごい研究者たちというもので，一体どうして私が採用されたのか全く理解できなかったが，ものすごく贅沢な研究費と12カ月分の私の給与が支給され，かつ，なんでも好きな研究をしてよい，というあり得ないような話であった（ちなみに，米国の大学教員は，通常は9カ月テニュアトラックなどとよばれ，夏学期の給料は出ない．医学部などでは数カ月しか給料が出ない場合もあるそうだ）．どうしようか躊躇していた中，夫から「君は『米国に残ってもこれ以上の大きなグラントは取れないし，メインストリームに入っていけない．日本に行けば研究室を持続して運営できる』と言ってたよね．本当にそうなら，僕は自分のキャリアダウンを受け入れて一緒に日本に行くけど，HHMIに選ばれたということは，それは違うのでは？それでも僕にキャリアを諦めろと言う？」と言われてしまい，返答できなかった．

「一度来たお話を断ってしまうと，もう日本に戻ってこれなくなるかもしれない」と，偉い先生方に心配され，そして名古屋大の皆さまにはとてもご迷惑をおかけした．関係者の

方々に経緯を説明しお詫びする中，佐々木成江先生から「名古屋大のみんなはそんな権威的じゃないし，全然気にしなくて大丈夫です．また，女性研究者関連でいろいろと力になってください」と優しく声をかけていただいたことが忘れられない．

WPIと名古屋大学トランスフォーマティブ生命分子研究所の設立

　HHMIの正研究員となり，新しいポスドクたちも着任し研究がなんとか進展していく中，かつてワシントン大でのラボの立ち上げ時のJST CRESTのメンバーであり，また，中西重忠総括のさきがけのメンバーでもあった名古屋大の東山哲也教授（当時）から，「今度，名古屋大の化学の若手教授たちと一緒に，化学と生物学の融合を目的とした新たな研究拠点の設立をめざして，文部科学省の『世界トップレベル研究拠点プログラム（WPI）』に応募しようと動いている．海外のPI数人にも参画してもらう予定だけれど，鳥居さんも加わりませんか？」というお話をいただいた．気孔の発生分化や植物の受容体を合成生物学的な手法で操作するという研究展開（というか研究野望）を持っていたこと，しかも，合成化学の専門家たちと分野の垣根を越えた融合研究ができる可能性．それに，一度は諦めてしまった名古屋大とのつながりという「縁」を感じて，二つ返事で加わらせていただいた．拠点長の若き化学者，伊丹健一郎教授の情熱と懐の深さに感銘を受けたこともある．

　WPIへの応募審査が無事に通り，私は名古屋大学トランスフォーマティブ生命分子研究所（ITbM）で海外主任研究者（海外PI）とし

て自分のグループを運営できることとなった．WPIとしての資金は10年．もっとも，最初の数年は研究所の建物はなく，ノーベル賞受賞者の野依良治先生の研究棟の一部分を間借りしていた．分野の垣根を越えた「ミックスラボ」が合言葉で，ボトムアップのコラボをめざし，合成化学や理論化学，植物や動物のラボメンバーが狭いオフィスをシェアして，一緒にたこ焼きをつくったり和気藹々としたものであった．

　2つ目の研究室をどう運営するか．ITbMでは，海外PIが常駐していなくともラボが動くようCo-PI制度を導入．この制度がうまく機能するには，ひとえにCo-PIの能力と人柄にかかってしまう．誰を抜擢するか．東山教授や他の教授たちと話をする中で，奈良先端科学技術大学院大学（NAIST）の打田直行博士の名前が挙がった．当時，NAISTで任期なし助教をしていた打田さんと私は植物の成長制御にかかわる共同研究をしており，共著でPNASなどに論文も複数出していた．そのため，彼が研究者としてとても優秀で，かつ，優しく落ちついた人柄であることも知っていた．それでも，10年任期の特任准教授というポストを受け入れてくれるかどうかドキドキであったが，Yesと言ってくれた（心から感謝している）．打田さんが加わってくれてからわかったことだが，彼は研究だけでなく事務仕事も非常に速くかつ的確で，日本のさまざまな難解な書類を次々とこなしてくれた．はっきり言って，打田さんがいなければ日本の研究室は成り立っていなかっただろう．また，海外PIたちをサポートする秘書の方も素晴らしかった．

ここでTake Home Messageがあるとすれば、日米で2つの研究室を運営する場合、本拠地ではない方（サテライトラボ）の成功は、常在スタッフがいかに優れていて、かつやる気があるがどうかにかかっている、ということである。誰だって自分の研究を突き進めたい。Co-PIと私の研究の興味はとても近かったわけだが、研究業績がステップアップにつながるように、打田さんが主導する研究は彼が最終責任著者（私は、関与度に応じて後ろから2番目のCo-責任著者、もしくは単なる共著者）として発表することにした。打田さんは現在、任期のない教授として名古屋大の他部署に栄転されている。

また、サテライトラボの常在スタッフと、どれだけコミュニケーションを取れるかどうかが重要だ。私の場合は、毎週、オンラインでラボミーティングを行い、技術補佐員の雇用の面接にも参加した。また、米国の大学の義務がない夏学期期間中は名古屋大に滞在し、学生実習にかかわらせていただいたり、研究討議を毎日行った。当時、2人の娘は小学生〜中学生であったが、大学の近くの小さなインターナショナルスクールに通学したりして、日本の文化を学ぶ掛け替えのない体験ができた。2人とも、名古屋を第二の故郷のように感じていたものだ。（ちなみに、一緒に来てくれた連れは名古屋大滞在時に日本の共同研究者と論文を出している）

若手研究者の国際交流とキャリア ―名古屋大の取り組み

なんだか自分語りとなってしまったが、私が日米で研究室を運営することになったきっかけは、すべて人と人の『縁』であった。うまくいかなかったこと、諦めたこと、失ったこともあったが、ふとしたことから新たな出会いがあったり、未来につながったりしてきた。例えば、名古屋大女性限定公募の際に知り合った濱口総長は、その後JST理事長となられ、以前の縁から、JSTの新たな女性研究者表彰事業〔輝く女性研究者賞（ジュン アシダ賞）〕にかかわらせていただいた。ある程度シニアになってくると、期待される役割も変わってくるわけだが、今後も女性研究者の活躍促進に尽力させていただきつつ、自分らしい研究を切り拓いていけたら、と思っている。

最後になるが、名古屋大には若手研究者のキャリア推進をめざしたシステムが存在する。一つは、名古屋大高等研究員のYLC（Young Leaders Cultivation）プログラムというもので、大学が戦略的に若手研究者（助教）を採用し、独立した研究の遂行と育成を目的としている。私の身近な例では、ワシントン大の私の研究室でポスドクをしていたSoon-Ki Han博士が、名古屋大にてYLC助教として、気孔の発生における転写因子による細胞周期制御の研究を遂行した（Han博士は現在、母国韓国で大学教員をしている）。また、さらに若手の大学院生レベルでの海外研究派遣活動として、「頭脳循環を加速する若手研究者戦略的海外派遣プログラム」も始動している。研究の国際化、国際交流がますます重要となるこれから、さまざまな諸外国と日本とで研究室を運営する研究者は増えていくだろう。今後も（私一人ではなく）さまざまな経験がシェアされることにより、多種多様なキャリアの築き方が可視化されることを期待する。

索 引

欧 文

A～D

Accessibility ⋯⋯⋯⋯⋯ 192
CV (Curriculum Vitae) ⋯ 36
DEI (DEIA) ⋯⋯⋯ 96, 164, 190
Direct Admit ⋯⋯⋯⋯⋯ 66
Diversity ⋯⋯⋯⋯⋯⋯ 164
DS (Diversity Statement)
⋯⋯⋯⋯⋯⋯⋯⋯ 173, 184

E～H

EAD (Employment Authorization Document) ⋯⋯⋯ 90
Equality ⋯⋯⋯⋯⋯⋯ 175
Equity ⋯⋯⋯⋯⋯⋯ 174, 175
ESI (Early Stage Investigator)
⋯⋯⋯⋯⋯⋯ 29, 131, 150
Established Researcher ⋯ 132
F-1 ⋯⋯⋯⋯⋯⋯⋯⋯ 85
H-1B ⋯⋯⋯⋯⋯⋯⋯ 85

I～K

IDP (Individual Development Plan) ⋯⋯⋯⋯ 173, 186
Inclusion ⋯⋯⋯⋯⋯ 177
ISO (International Service Office) ⋯⋯⋯⋯⋯⋯ 85
J-1 ⋯⋯⋯⋯⋯ 70, 71, 85
JREC-IN ⋯⋯⋯⋯ 50, 215
K01 ⋯⋯⋯⋯⋯ 130, 195
K99/R00 ⋯ 95, 130, 141, 150

L～N

LinkedIn ⋯⋯⋯⋯⋯ 196
New Investigator (NI) ⋯ 132
NIH (National Institutes of Health) ⋯⋯ 34, 129, 141, 168, 181, 183
NIHの主な研究費 ⋯⋯⋯ 130
non-tenure track ⋯⋯⋯ 132

O～P

Ombuds Office ⋯⋯ 99, 116
PI (Principal Investigator)
⋯⋯⋯⋯⋯⋯⋯⋯⋯ 16
PIとの1：1の面談 ⋯⋯ 39
PIのキャリアステージ ⋯⋯ 32
Postdoctoral Association ⋯ 97
Program Admit ⋯⋯⋯ 66

R

R01 ⋯ 26, 72, 129, 131, 149
RAP (Research Assistant Professor) ⋯⋯⋯ 111, 132
research assistant/associate
⋯⋯⋯⋯⋯⋯⋯⋯⋯ 71
research track ⋯⋯⋯ 132
Resume ⋯⋯⋯⋯⋯ 196

S～U

Senior Scientist ⋯⋯⋯ 132
SNS ⋯⋯⋯⋯⋯⋯⋯ 52
SSN ⋯⋯⋯⋯⋯⋯⋯ 87
stipend ⋯⋯⋯⋯⋯⋯ 20
TA ⋯⋯⋯⋯⋯⋯⋯ 96
two-body problem ⋯ 134, 148
UJA ⋯⋯⋯⋯⋯⋯⋯ 97
URM (Underrepresented Minority) ⋯⋯⋯⋯ 172

和 文

あ行

アカハラ ⋯⋯⋯⋯⋯ 116
アパート ⋯⋯⋯⋯ 63, 64
イギリス（英国） ⋯ 52, 151
育児休暇 ⋯⋯⋯⋯⋯ 65
医療保険 ⋯⋯⋯⋯⋯ 63
インダストリー ⋯ 22, 24, 193
インタビュー（面接）
⋯⋯ 31, 38, 67, 197, 198, 217

インパクトファクター ⋯⋯ 126
エスニシティー ⋯⋯⋯ 170
エスニックダイバーシティー
⋯⋯⋯⋯⋯⋯⋯⋯⋯ 168
オファー ⋯⋯⋯⋯ 31, 40
オリエンテーション ⋯⋯ 88

か行

海外学振 ⋯⋯⋯⋯⋯ 41
海外日本人研究者ネットワーク
⋯⋯⋯⋯⋯⋯⋯⋯⋯ 97
海外留学助成金の例 ⋯⋯ 42
解雇 ⋯⋯⋯⋯⋯⋯ 117
学生ビザ ⋯⋯⋯⋯⋯ 85
学部留学 ⋯⋯⋯⋯⋯ 81
科研費 ⋯⋯⋯⋯⋯⋯ 83
家族のケア ⋯⋯⋯⋯⋯ 89
カバーレター ⋯⋯⋯⋯ 36
起業 ⋯⋯⋯⋯⋯⋯ 161
企業留学 ⋯⋯⋯⋯⋯ 59
ギャップイヤー ⋯⋯ 21, 77
キャリアパス ⋯⋯ 133, 193
教員職への応募から面接まで
⋯⋯⋯⋯⋯⋯⋯⋯⋯ 128
競争的研究資金 ⋯⋯⋯ 34
競争的なフェローシップ ⋯ 85
共同研究 ⋯⋯⋯⋯ 32, 220
グラント ⋯⋯ 34, 95, 143, 183
グリーンカード ⋯⋯⋯ 194
研究資金 ⋯⋯⋯⋯⋯ 34
研究資金検索ツール ⋯⋯ 34
研究セミナー ⋯⋯⋯⋯ 97
研究費 ⋯⋯⋯⋯⋯ 129
研究不正 ⋯⋯⋯⋯⋯ 99
健康保険 ⋯⋯⋯⋯⋯ 41
現地校 ⋯⋯⋯⋯⋯⋯ 87
コアファシリティ（コア）
⋯⋯⋯⋯ 92, 133, 135, 146
公募 ⋯⋯⋯⋯⋯⋯ 215
公募サイト ⋯⋯⋯⋯ 127
交流訪問者用のビザ ⋯⋯ 85

236　研究留学実践ガイド

語学力 ……………… 93	ソーシャルセキュリティナンバー	扶養家族 ……………… 85
国際免許証 …………… 87	……………………… 87	古巣での仕事 ………… 82
コネクション（コネ）	ソーシャルメディア ……… 33	プレゼンテーション …… 94
……………… 24, 33, 213		米国永住権 ………… 194
コミュニティ ……… 27, 108	**た行**	弁理士 ……………… 205
コンサルティング …… 195, 210	大学院出願 …………… 67	ポジションの探し方 …… 15
コンプライアンス基準 …… 98	大学院留学 ………… 19, 61	補習校 ………………… 87

さ行

再現性 ……………… 113	大使館 ………………… 86	ポスドクの給与 ……… 22
査証 ………………… 85	帯同者ビザ …………… 85	ポストバカロレア（バック）
査読 ………………… 96	ダイバーシティー …… 164	プログラム ……… 21, 70
査読前［の論文］ …… 32, 214	ダイバーシティー関連月間… 171	翻訳 ……………… 206, 207
差別 …………… 68, 98, 99, 116,	チェックイン ………… 88	
133, 170, 190	知的財産 …………… 205	**ま〜や行**
ジェンダー …………… 165	中国 ……………… 158	ミスコンダクト ………… 99
ジェンダー平等 ……… 166	テキサスメディカルセンター… 45	メディカル・ライター …… 207
事業化 ……………… 161	テクニシャン ………… 71	面接（インタビュー）
質問力 ……………… 94	テニュア ……… 125, 133, 134	…… 31, 38, 67, 197, 198, 217
就職 ……………… 212	テニュアトラック	メンタルヘルス ……… 89
就職活動 …………… 215	……… 125, 136, 228, 229	面談 ………………… 39
就労許可証 …………… 90	ドイツ ……………… 56	家賃 ……………… 25, 63
就労ビザ …………… 85	特許 ……………… 205	
奨学金 …18, 41, 68, 69, 84, 130		**ら〜わ行**
ジョブオファーをもらってからの	**な〜は行**	ライフイベント ……… 133
交渉 …………… 128	内定 ………………… 31	ラボの規模 …………… 32
シンガポール ………… 161	日本人コミュニティ… 27, 41, 89	ラボメンバーとの面談 …… 40
新規プロジェクト ……… 96	ネットワーク ………… 96	リストをつくる ……… 32
人種 ……………… 169	ノルウェー ………… 15, 65	リトリート …………… 97
スイス ……………… 120	バイオテック ……… 203	留学先の探し方 ……… 31
推薦状 ………… 37, 38, 67	博士論文 …………… 63	寮 …………………… 64
推薦人 ……………… 199	パワハラ ………… 98, 116	ルームシェア ………… 25
スウェーデン ………… 155	引き継ぎ ……………… 82	レイシャルダイバーシティー
生活のセットアップ …… 86	ビザ ……………… 41, 85	……………………… 168
セクハラ ………… 98, 116	引っ越し ……………… 86	ローテーション ……… 63
セミナー …… 38, 95, 97, 126,	ヒューストン … 15, 43, 45, 108	論文 ………………… 95
176, 197, 213	フェローシップ … 18, 34, 41, 84,	若手PI ……………… 35
	130, 138, 141, 151	ワクチン接種 ………… 86
	不正行為 …………… 116	

237

執筆者一覧

◆ 編集

山本慎也 　ベイラー医科大学分子人類遺伝学部,
　　　　　テキサス小児病院ダンカン神経学研究所

中田大介 　ベイラー医科大学分子人類遺伝学部

◆ 執筆 (五十音順)

足立剛也 　NPO法人ケイロン・イニシアチブ

足立春那 　NPO法人ケイロン・イニシアチブ

安藤香奈絵 　東京都立大学大学院理学研究科

井垣達吏 　京都大学大学院生命科学研究科

五十嵐 啓 　カリフォルニア大学アーバイン校医学部

石原 純 　インペリアル・カレッジ・ロンドン

伊藤 徹 　沖縄科学技術大学院大学 アカデミック人事セクション

大石公彦 　東京慈恵会医科大学小児科学講座

大前彰吾 　北京脳科学研究所

大山達也 　エヴィデラ 臨床アウトカム評価チーム

大山友子 　マギル大学理学部生物学科

小川優樹 　ベイラー医科大学神経科学部門

小黒秀行 　コネチカット大学医学部

貝沼圭吾 　NPO法人ケイロン・イニシアチブ

川内紫真子 　カリフォルニア大学アーバイン校

木下将樹 　ノッティンガム大学バイオサイエンス学部

合田圭介 　東京大学大学院理学系研究科

佐藤奈波 　MRC分子生物学研究所

沢井昭司 　弁理士法人一色国際特許事務所

嶋田健一 　ハーバード・メディカル・スクール

杉井重紀 　A*STAR（シンガポール科学技術研究庁）

園下将大 　北海道大学遺伝子病制御研究所

高橋一敏 　味の素株式会社 バイオ・ファイン研究所

田守洋一郎	京都大学大学院医学研究科
外山玲子	米国国立衛生研究所
鳥居啓子	テキサス大学オースティン校，ハワードヒューズ医学研究所
中田大介	ベイラー医科大学分子人類遺伝学部
中村能章	国立がん研究センター東病院
西田奈央	早稲田大学高等研究所
西田有毅	テキサス大学 MD アンダーソンがんセンター
乗本裕明	名古屋大学大学院理学研究科
長谷川麻子	NPO 法人ケイロン・イニシアチブ
早瀬英子	テキサス大学 MD アンダーソンがんセンター
樋口　聖	セントジョーンズ大学薬学部薬理
藤島悠貴	ニューヨーク大学神経科学 Ph.D. プログラム
船戸洸佑	ジョージア大学分子医療研究所
古田能農	ベイラー医科大学神経科学部，記憶・脳研究センター
星野歩子	東京大学先端科学技術研究センター
マクロースキー亜紗子	Translational Research, Kura Oncology, Inc
増谷涼香	ミネソタ大学生物科学部
松本康之	ベスイスラエルディーコネスメディカルセンター / ハーバード医学院
三原田賢一	熊本大学国際先端医学研究機構，ルンド大学幹細胞研究所
安田　圭	Pyxis Oncology
安田涼平	マックスプランク フロリダ神経科学研究所
山下真幸	セントジュード小児研究病院
山田かおり	イリノイ大学シカゴ校医学部薬理学科，眼科
山中直岐	カリフォルニア大学リバーサイド校 昆虫学研究科
山本慎也	ベイラー医科大学分子人類遺伝学部，テキサス小児病院ダンカン神経学研究所
吉本桃子	ウェスタンミシガン大学ホーマーストライカー医学校
渡利真也	A'alda Japan 株式会社

編者プロフィール

山本慎也（写真右）

ベイラー医科大学分子人類遺伝学部 Associate Professor，およびテキサス小児病院ダンカン神経学研究所 Investigator．2005 年，東京大学農学部獣医学課程卒業（獣医師）．'12 年，ベイラー医科大学大学院発生生物学プログラム修了（Ph.D.）．'13 年よりテキサス小児病院の付属研究所でフェローとして独立，'17 年より現所属 Assistant Professor，'24 年より現職．ショウジョウバエとヒトの遺伝学・ゲノミクスを組合わせ，さまざまな神経・精神疾患や希少疾患の研究を行っており，'23 年より全米規模の未診断疾患研究プロジェクトである Undiagnosed Diseases Network の共同議長（Co-Chair）を務めるなど，大規模な臨床研究の運営にも携わっている．
https://www.yamamotoflylab.org

Baylor College of Medicine の正面噴水前にて

中田大介（写真左）

ベイラー医科大学分子人類遺伝学部 Professor．2005 年，名古屋大学大学院理学研究科修了，博士（理学）．博士課程在学中から，アメリカで独立した日本人指導教官に同行しラトガース大学にて研究を行い，日本学術振興会海外特別研究員としてミシガン大学でポスドク．'11 年より現所属 Assistant Professor として独立，'19 年より Associate Professor，'23 年より現職．造血幹細胞の増殖・分化を制御する分子基盤および白血病の脆弱性の解明をめざした研究を行っている．https://www.bcm.edu/research/faculty-labs/daisuke-nakada-lab

---

実験医学別冊

「留学する？」から一歩踏み出す研究留学実践ガイド
人生の選択肢を広げよう

ラボの探し方・応募からその後のキャリア展開まで，57 人が語る等身大のアドバイス

2024 年 9 月 20 日　第 1 刷発行	編　集	山本慎也，中田大介
	発行人	一戸敦子
	発行所	株式会社　羊　土　社
		〒101-0052 東京都千代田区神田小川町 2-5-1 TEL　03（5282）1211 FAX　03（5282）1212 E-mail　eigyo@yodosha.co.jp URL　www.yodosha.co.jp/
© YODOSHA CO., LTD. 2024 　　Printed in Japan		
ISBN978-4-7581-2273-3	印刷所	日経印刷株式会社

本書に掲載する著作物の複製権，上映権，譲渡権，公衆送信権（送信可能化権を含む）は（株）羊土社が保有します．
本書を無断で複製する行為（コピー，スキャン，デジタルデータ化など）は，著作権法上での限られた例外（「私的使用のための複製」など）を除き禁じられています．研究活動，診療を含み業務上使用する目的で上記の行為を行うことは大学，病院，企業などにおける内部的な利用であっても，私的使用には該当せず，違法です．また私的使用のためであっても，代行業者等の第三者に依頼して上記の行為を行うことは違法となります．

JCOPY ＜（社）出版者著作権管理機構　委託出版物＞
本書の無断複写は著作権法上での例外を除き禁じられています．複写される場合は，そのつど事前に，（社）出版者著作権管理機構（TEL 03-5244-5088，FAX 03-5244-5089，e-mail：info@jcopy.or.jp）の許諾を得てください．

乱丁，落丁，印刷の不具合はお取り替えいたします．小社までご連絡ください．